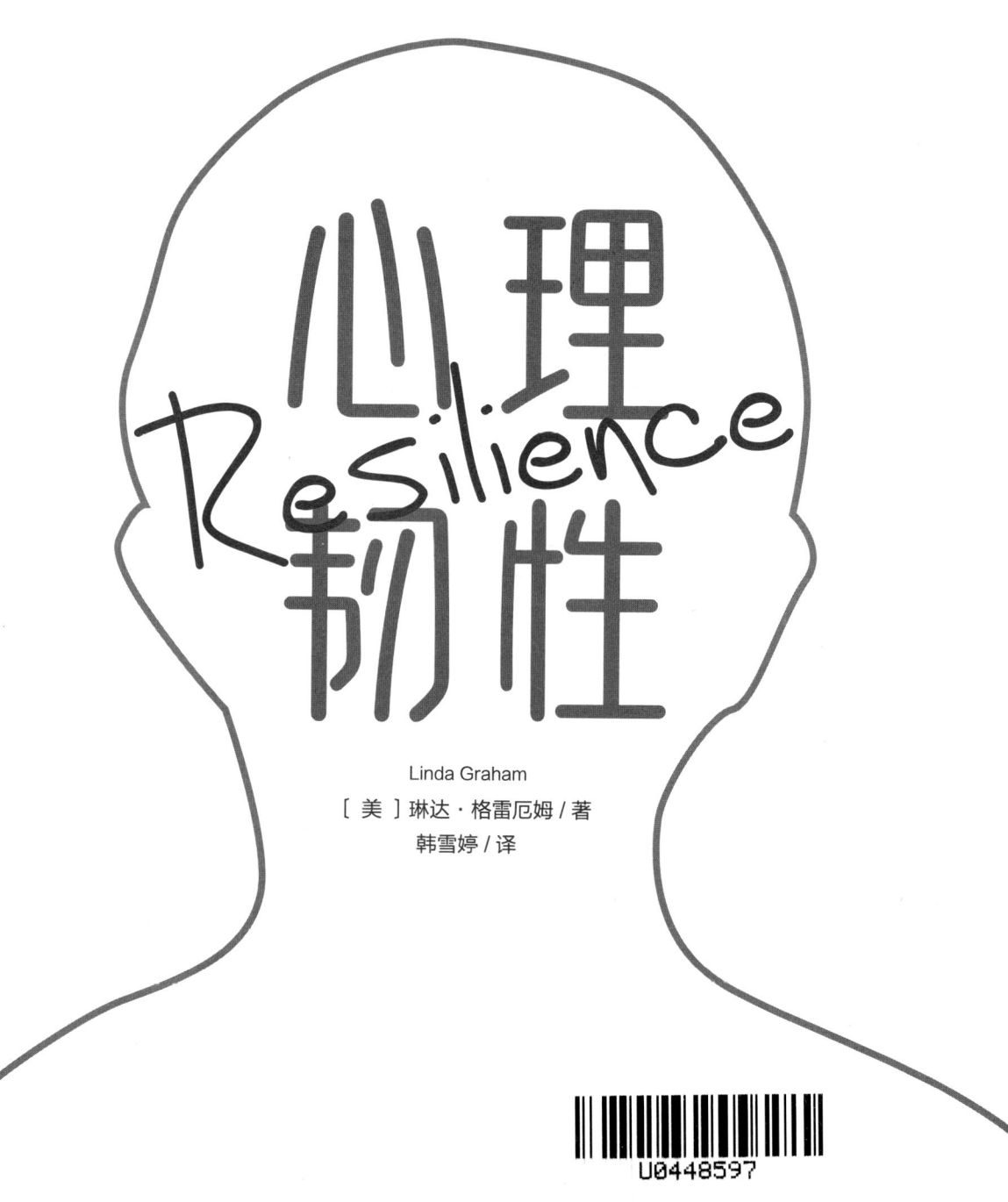

心理韧性
Resilience

Linda Graham
〔美〕琳达·格雷厄姆 / 著
韩雪婷 / 译

中国友谊出版公司

图书在版编目（CIP）数据

心理韧性 /（美）琳达·格雷厄姆著；韩雪婷译 . —— 北京：中国友谊出版公司，2023.6

ISBN 978-7-5057-5638-0

Ⅰ.①心… Ⅱ.①琳… ②韩… Ⅲ.①成功心理－通俗读物 Ⅳ.① B848.4-49

中国国家版本馆 CIP 数据核字（2023）第 094933 号

著作权合同登记号　图字：01-2023-2708

Resilience, by Linda Graham
Copyright © 2018 by Linda Graham
First published in the United States of America by New World Library.
Simplified Chinese rights arranged through CA-LINK International LLC
All rights reserved.

书名	心理韧性
作者	[美]琳达·格雷厄姆
译者	韩雪婷
出版	中国友谊出版公司
发行	中国友谊出版公司
经销	新华书店
印刷	天津中印联印务有限公司
规格	710×1000 毫米　16 开　16 印张　276 千字
版次	2023 年 6 月第 1 版
印次	2023 年 6 月第 1 次印刷
书号	ISBN 978-7-5057-5638-0
定价	59.00 元
地址	北京市朝阳区西坝河南里 17 号楼
邮编	100028
电话	(010) 64678009

专家荐读

"《心理韧性》是一本真正全面的心灵指南，它让我们相信，每个人的内心都拥有一股强大的力量，能够以一颗睿智、善良的心，巧妙地应对生活中大大小小的挑战。琳达·格雷厄姆以鞭辟入里的语言风格，贴心实用的指导和练习，指导我们如何训练大脑、强健体魄、净化心灵，以获得直觉智慧，这不仅能帮助我们度过艰难时期，还能让我们在这个过程中不断成长，并将这种心理能力变成内在自觉。这是一本真正的宝藏书籍！"

——詹姆斯·巴拉兹（James Baraz），《觉醒的喜悦：幸福的10个步骤》（*Awakening Joy: 10 Steps to True Happiness*）（联合作者）

"这是一本知识全面、内容丰富、鼓舞人心的书。琳达·格雷厄姆的笔触细腻、深沉、自信、振奋——读起来就像小说一样引人入胜。"

——西尔维娅·布尔斯坦（Sylvia Boorstein），代表作：《幸福是件分内之事》（*Happiness Is an Inside Job*）

"我特别喜欢的一点是琳达·格雷厄姆时刻传递出的善意和柔软——'放松，你能做到！'她告诉我们，每个人的内心都是丰富多彩的，我们可以运用书中的练习轻松地掌握这种力量。琳达将正念和神经科学完美地结合在一起，本书是一本关于理智、平静生活的指南。"

——大卫·里秋（David Richo），心理学博士，代表作：《亲密关系的重建》（*How to Be an Adult in Relationships*）

"琳达·格雷厄姆在培养心理韧性方面的开创性专业知识改变了无数人的生活。现在,在《心理韧性》一书中,她编写了一套清晰有序的练习方法,可以指导我们在人生的重大困境中找到安宁和自由。强烈推荐!"

——塔拉·布莱克(Tara Brach),代表作:《全然接受这样的我》(Radical Acceptance)、《心灵港湾》(True Refuge)

"尽管我们无法掌控发生在自己身上的事情,但我们可以学着以更积极、更包容的方式应对。在这一点上,《心理韧性》提供了有效应对生活挑战的必要方法,告诉我们一些加强心理韧性的关键技能,其提供的帮助也许比我曾经读过的任何一本书都要多。通过大量的练习,本书向我们展示了一个循序渐进的方法,帮助我们从生活的挣扎中恢复过来,创造永久的变化。琳达·格雷厄姆既有专业知识又有巨大的同情心,这本书可以称为心理治疗领域的先驱,也是她送给读者的最好礼物。"

——乔纳·帕奎特(Jonah Paquette),临床心理学博士,代表作:《真实的快乐》(Real Happiness)、《幸福工具箱》(The Happiness Toolbox)

"在这部实用的作品中,琳达·格雷厄姆分享了其卓越的见解、实用的方法,以及学习如何驾驭生活挑战的基本技巧。作为一名心理治疗师,她从自己的工作中汲取了大量的研究成果,注入了个人智慧和发自内心的悲悯情怀,引导我们学会如何培养这种亟待加强的韧性心态。我找不出比本书更好的实践指南了。"

——马克·科尔曼(Mark Coleman),代表作:《与你的心和解》(Make Peace with Your Mind)、《困境中的清醒》(Awake in the Wild)

"尽管每个人都希望人生顺遂安逸,然而这只是美好愿望而已,生活往往充满艰辛、失望和痛苦。(真讨厌!)当事情没有按照预想的方向发展时,我们就需要特定的技能和策略来重新获得心理上的平衡，防止自己陷入绝望的深渊。《心理韧性》是一本重要的指南，可以让我们自我觉醒，或是父母帮助子女、治疗师帮助客户来强化这些技能。"

——克莉丝汀·卡特（Christine Carter），博士，代表作：《培养快乐而坚韧的孩子》（Raising Happiness）、《微调5个地方，每天快乐醒来》（The Sweet Spot）

"当生活的重负要将我们压垮时，我们能做些什么？本书会提供一套实用的答案，清晰、全面地引导我们渡过难关。其中包含了来自精神健康、心理治疗和科学传统的临床案例和实践经验，每个人都可以运用这些方法来有效应对现代生活的挑战。琳达·格雷厄姆是心理治疗师和教师，有着多年的从业经验和对各种问题的深刻见解，提供了有效便捷的练习，帮助我们在困境中寻找出路，甚至有所建树。"

——罗纳德·D. 西格尔（Ronald D. Siegel），哈佛医学院心理学助理教授，代表作：《正念之道》（The Mindfulness Solution）

"这本书从各种实践项目中吸取正面经验，提供了许多应对生活难题的方法。当你在人生旅途中感到举步维艰，别忘记翻开这本书，它为你提供了百余种实践指南和练习方法，会让你在任何需要的时候，轻松地找到最适合的解决之道。"

——克里斯汀·内夫（Kristin Neff），博士，得克萨斯大学奥斯汀分校教育心理学副教授，代表作：《宽容，让自己更好》（Self-Compassion）、《静观自我关怀》（The Mindful Self-Compassion Workbook）

"心理韧性是一个强有力的概念，指我们以平静心态和灵活技巧应对困难和挑战的潜在能力。只知道安慰自己'别担心，不会有坏事发生'纯属痴人说梦。我们更需要的是从困境中复原的能力，这正是本书要告诉我们的内容。当今社会，许多人都在努力寻找心理上的平衡点来面对越来越严重的焦虑和混乱，我们也需要重新审视和修复自己的人际关系网。本书涵盖了十分丰富的资源，所有指点都恰到好处又恰如其分。琳达·格雷厄姆是培养心理韧性的优秀引路人，她冷静又睿智，从科学和共情的层面上与读者心贴心地交流。这简直是一本不可或缺的工具书！"

——安·韦瑟·康奈尔（Ann Weiser Cornell），心理学博士，聚焦资源首席执行官，代表作：《聚焦的力量》（The Power of Focusing）

"这是一本内容丰富的著作，琳达·格雷厄姆在书中提供了丰富的案例——总共133个——帮助人们从困境中振作起来，提升情感强度。她清楚地知道心神动摇和万念俱灰之间的区别，并将各种情感工具敏锐地组合起来，以解决不同的需求。我要把这本书强烈推荐给所有正在经历困难的人，以及他们身边需要这类帮助的亲友。"

——克里斯托弗·吉莫（Christopher Germer），博士，哈佛医学院讲师，代表作：《不与自己对抗，你就会更强大》（The Mindful Path to Self-Compassion）

"我要对琳达·格雷厄姆的《心理韧性》一书表达深深的感谢，这本书为我们提供了一系列简单而有效的实践工具，激发和加强我们的内在复原力——这是一种我们与生俱来的能力，无论生活带来什么样的困苦，我们都能心平气和地判断、回应和恢复。我们体验快乐、爱意和幸福的能力，都来自这种强大的情感支撑，让我们在一生中面对任何压力都做出弹性反应。琳达为我们提供了这样一本生活指南，一本枕边书，一本我现在希望传递给我所有的朋友、学生和客户的工具书。"

——理查德·米勒（Richard Miller），博士，代表作：《创伤应激障碍的iRest修复法》（The iRest Program for Healing PTSD）

"这是一本无比实用和强大的实践宝库,能帮助我们抵御风雨!琳达·格雷厄姆使用一系列简单易行的方法引导我们调动心理韧性,重新寻回人间快乐。本书设计巧妙、通俗易懂,提供了非常强大的工具,用于激发和增强我们应对生活压力的能力,以避免我们从轻微的不适坠落进巨大的悲剧。"

——艾希莉·戴维斯·布什(Ashley Davis Bush),执业独立临床社会工作者,代表作:《治疗师的简易自我保健手册》(Simple Self-Care for Therapists)、《寻找内心的安宁》(The Little Book of Inner Peace)

"这本关于增强心理韧性的书,内容丰富、叙事精彩,洋溢着琳达·格雷厄姆的热情和关爱。她将神经科学巧妙融入创造性、易操作的练习之中,帮助读者增强情商、神经可塑性、社交参与、感恩和富有同情心的自我意识。通过运用引导图像、身心学、正念冥想、日志记录和与大自然重新联系等方法,临床医生和相关客户都会从本书中受益匪浅。我强烈推荐这本抚慰人心的生活指南!这是一本对自我关爱和心理健康领域具有卓越贡献的作品。"

——丽莎·费伦茨(Lisa Ferentz),创伤治疗专家,代表作:《找到你的"红宝石鞋":治疗师沙发上的改变人生之课》(Finding Your Ruby Slippers: Transformative Life Lessons from the Therapist's Couch)

"大多数人都认为心理韧性是我们先天就拥有或者不具备的特质。但是在本书中,琳达·格雷厄姆利用最新的研究创建了一个切实有效的大脑训练项目,可以在每个人的生活中建立和保护他们的幸福感和受挫后的复原力。在书中,琳达的指引性很强,逐步引导我们进行练习,逐渐重新激活大脑,提升幸福感。这是一本实用高效又充满希望,可以改变我们人生的书。"

——劳拉·马卡姆(Laura Markham),临床心理学博士,代表作:《父母平和,孩子快乐》(Peaceful Parent, Happy Kids)

"在这本引人入胜、充满力量的书中，琳达·格雷厄姆教导我们如何以力量、冷静和从容来应对生活中不可避免的麻烦。强烈推荐。"

——蒂姆·德斯蒙德（Tim Desmond），代表作：《自我同情心理治疗》(Self-Compassion in Psychotherapy)、《与真实的自己和解》(The Self-Compassion Skills Workbook)

"凭借《心理韧性》一书，琳达·格雷厄姆也完成了对自己的超越。她的第一本书《强势回归：重建大脑恢复力，抵达幸福彼岸》(Bounce Back: Rewiring Your Brain for Maximum Resilience and Well-Being) 也非常出色，但我觉得这本书更好。它是一本具有真正能对有需要的人产生帮助和影响的书。对于我们这些迫切需要更好地了解和驾驭他人心理状况的专业人士来说，本书也大有裨益。在借鉴东方智慧传统的同时，琳达还融合了当代心理学和神经科学的最新发现，《心理韧性》为读者提供了实用的指导、启发和灵感。也许在这本书的诸多优点中，我最欣赏的是它令人信服的乐观主义，即我们都有能力面对苦难，并在克服困境的过程中让自己变得更好。"

——大卫·瓦林（David Wallin），博士，代表作：《心理治疗中的依恋》(Attachment in Psychotherapy)

"书中提供了一条强大而实用的途径，可以让你的大脑、身体和精神从过去、现在或未来的任何苦难中恢复过来。"

——克里斯托弗·威拉德（Christopher Willard），代表作：《青少年抗焦虑手册》(Mindfulness for Teen Anxiety)、《青少年抗抑郁手册》(Mindfulness for Teen Depression)（联合作者）

"大多数人在面对生活带来的挑战时，只是努力接受、尽力而为。但是，如果我们不但能在逆境中苟且偷生，还能把自己经营得风生水起，我们的生活将会是什么样子呢？本书是一本融合了尖端科学、实用智慧和共情指引的综合体，琳达·格雷厄姆不遗余力地向我们展示该如何做到这一点。让我们跟随作者的脚步，开启全面转变人生的崭新旅程吧，这将重新启动大脑，恢复幸福，使生活充满希望和活力。毋庸置疑，这本书会让我们变得更好。"

——罗纳德·J. 弗雷德里克（Ronald J. Frederick），博士，代表作：《情绪自控：人生从此不同》（*Living Like You Mean It*）

"琳达·格雷厄姆将古老的智慧与她在神经科学方面的丰富知识及多年临床经验相结合，为我们打开了一个建设心理灵活性和稳定度的新世界——这两种心理属性都是激发心理韧性的必要素质。本书提供了丰富的案例，帮助我们应对生活中常见或特殊的磨难。琳达用智慧编织了一条通往心理韧性家园的道路，每一页对我们都有帮助。我建议现在就拿起书，开启一场心灵之旅。"

——黛布·达纳（Deb Dana），代表作：《心理治疗中的多层迷走神经理论》（*The Polyvagal Theory in Therapy*）

"琳达·格雷厄姆创作了一本精心设计、系统编排的好书，其中包含了130多个可以改变我们大脑运作方式的练习。阅读此书当然对我们大有帮助，但尝试将这些练习落实到生活中，才是本书真正与众不同的地方。"

——詹姆斯·本尼特·利维（James Bennett-Levy），悉尼大学心理健康与治疗系教授

"琳达·格雷厄姆写的《心理韧性》是一本非常实用、数据翔实的书，为不断发展的心理韧性原则和实践领域提供了十分有益的补充。不管是对于心理健康领域从业者或是大多数普通人，我都极力推荐这本书，我认为它是这方面最值得阅读的好书之一。"

——丹尼尔·艾伦伯格（Daniel Ellenberg），心理重建学院（Rewire Leadership Institute）博士

"在《心理韧性》一书中，琳达·格雷厄姆巧妙地铺好了一条将我们从痛苦挣扎的边缘引领出来，激发我们内心深处潜藏许久的心理韧性的路。在本书中，琳达利用实用的技巧和创造性的想法，指出我们激活大脑的方法，让我们应对困难时保持内心平静和行为妥当。每次当我的生活和工作遇到难题时，我总会第一时间想到去这本书中寻求帮助。"

——米歇尔·盖尔（Michelle Gale），代表作：《混乱世界中的静观教养》（Mindful Parenting in a Messy World）

"我们都希望拥有也需要拥有心理韧性，但问题是，我们该如何变得更加具有韧性？琳达·格雷厄姆的《心理韧性》展示了一个丰富而详细的过程，她用智慧、善良和温柔引导我们，不仅增强了我们的心理韧性，也提升了我们的生活质量和幸福感觉。建议各位读者一定要好好利用这个卓越理论和实践资源！"

——安娜特·芭尼尔（Anat Baniel），ABM 神经运动疗法（Anat Baniel Method® NeuroMovement®）创始人，代表作：《帮孩子超越极限：ABM 神经运动疗法》（Move into Life: NeuroMovement for Lifelong Vitality and Kids beyond Limits）

"琳达·格雷厄姆凭借幽默和智慧，巧妙地将神经科学、心理学和禅修教育结合起来，为读者创造了一套在日常生活中运用智慧能力和仁爱之心来应对逆境的方法和工具。"

——苏珊·凯瑟·葛凌兰（Susan Kaiser Greenland），代表作：《孩子的简单正念》（Mindful Games）、《培养灵气的孩子》（The Mindful Child）

序言

想想看，在某个清晨，你步履急促地冲出家门，想要赶上6点15分的公交车上班，但就在出门的一瞬间，你却发现钥匙和钱包都不知所踪。你只好努力地让自己冷静，慢慢深呼吸，同时大脑飞转，试着回忆自己是不是在这个手忙脚乱的早晨，换了另一件有口袋的衣服。在生活中，我们都会经历这样的卡顿，比如在餐厅为几位客人上菜时把整盘意大利面都洒在了地上、工作时误删了客户的文档、把笔记本电脑遗落在飞机上、发现家里的浴室墙壁长满了霉斑、被修理工告知汽车需要一个新的变速器或者洗衣机突然坏了。这些生活的卡顿会让你脆弱的神经系统难以消受。这类问题时常发生，而且给我们的应对能力带来不小的压力。面对这些不可避免的困局时，我们的应对能力时常不足，这就导致我们进一步影响对自己的基本判断："我就是个愚蠢的笨蛋！"或者"看吧，我就知道，我永远什么也干不成"。

但通常情况下，我们可以积极地调整自己。我们可以收拾好情绪，面对当下之困，想办法解决问题。

偶尔，生活也会向我们抛出更大的麻烦和难题，不仅是日常微小的卡顿，还会有如同山崩地裂般的毁灭性打击，这些逆境的严重程度有时会超出我们的应对能力，至少在某些短暂情况下让我们感到一筹莫展。比如想要孩子的夫妻却不孕不育、自己或亲人罹患癌症、人到中年却面临失业、子女因违法入狱或在战乱中受伤等问题。当这些巨大的挫折发生时，我们必须更深入地挖掘我们内心的韧性储备和我们对以前成功抗争过命运的旧时记忆，同时也要擅用外部资源，比如来自亲友的帮助。在这种风浪面前，如果有人打击我们，或者自己怨天尤人地认为"我就是这样、我不行、我不会、我不能或者我根本不值得帮助"，那就很难找回内心的平衡和妥善的方法，我们的人生便容易走上歧途，甚至一蹶不振。

更别提那些屋漏偏逢连夜雨的窘境，许多灾祸竟然接二连三地发生，比如，刚刚在车祸中痛失一个孩子，家中年迈的父母又不幸中风，再赶上一场百年不遇的雷暴，引发了山洪导致半间房子都被冲毁。铺天盖地的绝望感席卷而来，我们很容易完全失去心理韧性，久久不能平复。我们可能会沉浸在创伤反应中，感到世界不再美妙，甚至不再有意义，此时我们必须积极努力地从正在经历的苦难中寻找人生经验或生命意义。否则，如果我们经历了太多未能抚平的创伤，就可能会导致精神彻底崩溃，很难恢复到从前。我们的心理调适储备消耗殆尽，就会自暴自弃，觉得自己只是苟延残喘的行尸走肉而已。

我们究竟要如何从这样重大的创伤中恢复过来？答案就是，增强我们的心理韧性。

心理韧性，也就是审时度势、顺其自然，以及从逆境中复原的能力——一直以来都是部族社会、精神哲思及文艺领域中广泛关注、研究和传播的内容，它对人类和人类社会的生存和繁荣都至关重要。现代医学告诉我们，心理韧性是大脑中发育成熟、功能良好的前额皮质（prefrontal cortex）的行为功能之一。无论我们面对的是一系列小烦恼还是大灾难，心理韧性都是可引导、可习得、可恢复的。

在本书中，我们将要学习，无论在生活中遭遇何种挫折，也无论我们的心理韧性被揉搓到何种糟糕的程度，都要以弹性的心态去应对。我们将从最基础开始，首先看看要如何培养心理韧性，或者说，可以运用哪些实用的方法和技术来建立或恢复心理韧性，以便使这种心理特质能够帮助我们应对未来可能发生的任何风险或磨难，包括应对生活中方方面面的事情。

> 别让我祈祷能在险恶中获得庇护，而祈祷可以勇敢地面对险恶；别让我乞求痛苦止息，而乞求我的心可以战胜痛苦。
> ——拉宾德拉纳特·泰戈尔（Rabindranath Tagore），《采果集》（*Fruit-Gathering*）

本书将引导我们一步一步在生活中培养起更强烈的幸福感，通过增强心理韧性，娴熟应对任何可能破坏幸福感的沮丧感觉或大灾小难。我们将具有更强的能力，得心应手地面对生活中不可避免的失望和逆境，并且对自己充满信心，能够快速从苦难中恢复，甚至先发制人、避免麻烦。

通过本书，我们也会对大脑工作机制产生进一步认识，了解大脑工作的过程，以及如何与大脑合作来创造更能灵活应对的新习惯（灵活性是心理韧性的核心基础）。书中还将探索安全、高效的方法和技巧，当某些心理调适方式无法应对变化的情况时，甚至可以重新构建可长期存续发展的应对模式。最重要的是，不仅会学到一些帮助我们从任何逆境中复原的方法，还会接受把自己看作一个善于学习、善于解困的人，一个心理坚韧、幸福的人。这不仅能让我们更有韧性，还能让我们对生活的各个方面感到更满意、更充实。

本书将带来哪些收获

心理韧性是真正可以重建和修复的，所以本书将心理韧性建设指南专门设计为一项大脑训练计划，以帮助读者增强心理复原力。你将收获130多种体验式练习，无论周遭发生了多么严重的意外，这些练习将使你的大脑和心理得到训练，让自己在任何情况下都能保持清醒或克制，稳妥地应对生活中司空见惯或泰山压顶般的外部压力，并帮助你处理那些面对压力时无处排解的负面情绪。

这些练习能激活大脑惊人的适应能力。这种能力由5方面不同的智能资源组成，即身体智能、情绪智能、自身资源、人际资源和反思特质，它们是心理韧性的基础。通过本书，你将了解干预大脑变化的3个关键过程，以加强这5方面的能力，以此有效提高面对压力和创伤时弹性反应能力。这3个关键过程我们称之为建立新制约、重新制约和解除旧制约。你可以将这些练习应用于任何程度的心理损伤，不管是处于轻微困扰还是痛不欲生的时候，哪怕是万念俱灰时也能够慢慢得以重建。经常练习会增强你的韧性、力量和智慧，从长远来看会让你感觉更幸福。

如何用好本书

这些练习按照科学合理的方式精心编排，内容上循序渐进，这一训练过程与大脑最初开发这些技能的方式非常类似并契合。建议你从头到尾地阅读，不要跳过太多章节，至少通读一遍之后，再选择更适合的部分进行专项练习。然后，你就可以像一个自我导师一样，娴熟地运用本书。

第一章简述了心理韧性如何在大脑中建立（或逐渐低迷），如何选择能够增强大脑反应弹性的方法，以及加速大脑学习和复原的5种途径。

第二至七章包含了书中的大部分练习。各章的练习都由浅入深、从简单到复杂，逐步解决对心理韧性破坏程度更大、更严峻的难题。每一章的导读部分都解释了这些练习如何发挥作用，会产生什么样的效果，以及为什么要用这些练习来加强该章节所讨论的特定类型智能。你也可以选择从我的网站 www.lindagraham-mft.net 下载练习，随时回放。

请带着好奇心和实验精神来进行练习。如果某一个练习对你有用，那么请继续下去。如果有些东西对你不起作用，那就跳过，试试别的练习。

大量研究表明，大脑通过不断重复，即多次重复微小的、渐进式的变化，会收到最好的学习效果。每天只要花 10 到 20 分钟重复练习本书中任何一种技巧，你就会在应对压力的方式上体验到显而易见的转变。经过几周甚至几个月的坚持练习，你的大脑就会产生永久性的改变，进而改变行为。当遇到新的压力，无论是大麻烦还是小风波，你都会感受到思考方式和应对策略上的显著变化。

第八章建议你选择最适合的生活方式来保持大脑的优良功能，在余生中保护好自己的心理韧性。

本书的灵感来源

我是一名在私人诊所执业的持证心理治疗师，拥有超过 25 年的从业经验，我的工作就是帮助客户以更妥善的方式和韧性应对他们面临的人生考验。在过去至少 20 年的时间里，我还专注于将西方行为科学的前沿研究与现代神经科学、依恋理论（attachment theory）、人际神经生物学、积极心理学（Positive Psychology）、心理韧性训练、创伤治疗和创伤后成长等方面的进展相结合。同一时期，我还研究和教授了传统东方禅修练习，专注于静观正念和自我同情。已有科学研究认为这两种方式是改变大脑的关键因素。

在我的第一本书《强势回归：重建大脑恢复力，抵达幸福彼岸》（2013 年出版）里，我整合了上述所有方面案例的研究数据和观点，创建出了一套心理恢复体系。《强势回归》一书荣获几个国家级奖项，并在心理韧性教学方面开创了新局面。这本书出版以来，我一直在美国、欧洲、澳大利亚和中东的临床培训和研讨会上，向成千上万名心理健康专业人士以及寻求个人成长和自我转变的人传授关于重建心理韧性的神经科学。与此同时，我还与导师、同事密切合作，在交互学习网络中分享我们认为最有效的做法，推动与各位同仁的共同成长。

现在，我又创作这本《心理韧性》，将这些年从教学和经验中获取的更新、更深的感悟以及十几种新方法与资源纳入其中，以补充《强势回归》一书中的不足，帮助读者恢复我们与生俱来的韧性、活力和幸福感。通过书中的练习，每个人都可以增加反应灵活性，从而在面对任何问题时做出明智的选择，做到处变不惊、游刃有余。

我不害怕风暴，因为我正在学习如何乘风破浪。

——路易莎·梅·奥尔科特（Louisa May Alcott），
《小妇人》（*Little Woman*）

好了，让我们开始吧。

目录 [CONTENTS]

第一章　增强心理韧性的基本方法：我们要学会如何复原 / 1

　　坏事会发生：激发反应弹性 / 3

　　改变也会发生 / 4

　　神经可塑性（Neuroplasticity）/ 6

　　培养人脑的反应灵活性 / 6

　　大脑的反应灵活性为何经常失灵 / 7

　　改变心理制约的 3 种方法 / 10

　　心理韧性的基础：5 种智能 / 15

　　生活困境的 3 个等级 / 16

　　5 个方法加速大脑的改变 / 17

第二章　身体智能练习：呼吸、触觉、运动、想象、社交 / 23

　　寻找控制情绪的"开关"/ 26

　　建立新制约 / 28

　　重新制约 / 35

　　解除旧制约 / 41

第三章　情绪智能练习：自我同情、正念共情、积极心态、心智理论 / 49

　　4 种保持情绪平衡的练习 / 54

　　建立新制约 / 56

　　重新制约 / 69

　　解除旧制约 / 80

第四章　内在智能练习：自我意识，自我接纳，建立内心的安全营垒 / 85

　　建立新制约 / 90

　　重新制约 / 101

　　解除旧制约 / 106

第五章　人际智能练习：信任、共通人性、相互依赖、庇护、资源 / 117

　　摆脱被动和脆弱的人际模式 / 120

　　建立新制约 / 121

　　重新制约 / 131

　　解除旧制约 / 141

第六章　反思智能练习：正念、洞见、智选、平静 / 149

　　静观自己的内心 / 151

　　专注于生活的体验 / 154

　　寻找内心的平静 / 155

　　建立新制约 / 155

　　重新制约 / 162

　　解除旧制约 / 173

第七章　充满韧性：应对风险和苦难 / 179

　　从心理创伤中成长的5个练习 / 184

　　建立新制约 / 186

　　重新制约 / 190

　　解除旧制约 / 194

第八章　照顾和滋养神奇的大脑：提升心理韧性的生活方式 / 199

　　运动对改善大脑的巨大作用 / 202

　　保证睡眠的重要性 / 207

　　选择对大脑有益的饮食方式 / 211

　　快速提升大脑功能：学习新东西 / 214

　　用欢笑和玩乐锻炼大脑 / 218

　　与其他健康头脑互动 / 221

　　减少电子产品的刺激 / 225

致谢 / 233

引用练习许可及致谢 / 237

第一章
增强心理韧性的基本方法

我们要学会如何复原

> 世界充满了磨难,但一切磨难终将被战胜。
> ——海伦·凯勒(Helen Keller)

生活中总是充满了无法预知又不可避免的风险。无论我们多么努力地生活、多么虔诚地奋斗，也不管我们多么优秀，生活都不可能总是一帆风顺，反而时常在不经意间制造一些困顿，这才是现实生活的原貌。我们每一个人都难免会经历一些磕碰牵绊或皮肉之苦，甚至偶尔会受到一些灾难和危机的威胁。人类发展历史也是如此迂回曲折，因此我们大可不必将某次意外打击看得过于沉重。

我们确实无法改变这一严酷事实，能改变的只有我们的应对方式。本书将告诉我们具体应该怎么做。

> 磨难就像刀子，握住刀柄就可以为我们服务，拿住刀刃则会割破手。
> ——詹姆斯·罗塞尔·罗威尔（James Russell Lowell），《文学评论》（Literary Essays）

当有挑战性甚至毁灭性的事情发生时，我们其实完全有能力，或者说有心理韧性，去选择如何应对这些麻烦。不过这也需要练习、需要感知力，而这种力量一直存在于我们的内心之中，你只是需要不断将它调动出来。本章提供了一张清晰的示意图，解释该如何训练大脑，让它能够越来越娴熟，得当地应对生活中的危机。同时，还可以了解大脑通路会发生什么样的变化，使大脑本身更加灵活、具有韧性。

坏事会发生：激发反应弹性

当我们面临来自外界的困难或压力，比如遭遇车祸、罹患重疾、夫妻离散、痛失亲人等，或者当有其他人遭遇突如其来的变故而向我们求援时，我们的第一反应通常是改变一些外部条件来尝试解决问题，而且觉得这种方式理所应当。当我们被一些无济于事的失败反应折磨得内心苦闷不堪时，会说："我要是早些意识到这一点就好了。可惜，可惜，可惜！"即便如此，我们通常仍然专注于解决"无关紧要"的外部问题，从而让自己感觉充实，得到安慰。

当然，在我们有能力改变外部环境的情况下，积极发挥生活技能，利用生存资源和处事智慧去正面迎战十分重要，也无可厚非，但当我们面对困境感到力不从心的时候，则更该在一次又一次的挫折中学习真正地妥善应对。这就是心理韧性的一个方面。这些都是理想的、必要的，而且十分有益的内容。与关注外部环境同样重要的是，我们要如何感知和回应"内在"的东西——如何承受外部压力和抵抗焦虑，如何做出合理妥当的决断，如何应对那种由眼前事件引发的过去某次危机的隐形记忆，这些痛苦的潮水会在一瞬间翻涌出来，强烈的压迫感似乎要将我们击垮。我们的感知和反应能力是决定或评估我们心理韧性和复原力的一种最重要因素。

在讨论一个人应对压力的能力之时，首先要区分3种不同的支持来源：第1种是外来的助力，尤其是社会给予的支持；第2种支撑力量是个人的心理资源，包括智力水平、教育水准以及其他相关的人格因素；第3种则是一个人应对压力的适应策略。在这3种因素中，适应策略不但能改变压力产生的效果，也最具韧性，可以完全由自己控制，因此最为重要。

——米哈里·契克森米哈赖（Mihaly Csiks-zentmihalyi），《心流：最优体验心理学》
(Flow: The Psychology of Optimal Experience)

因此，本书的信条是："态度决定问题。"[为了这句话，我要郑重地向我在得克萨斯州达拉斯莫门托学院（Momentous Institute）的同事弗兰基·佩雷斯（Frankie Perez）表达深深的敬意。]

改变也会发生

不管我们可能面临多么糟糕的境遇，应对的关键之策都在于如何改变我们的感知（态度）和反应（行为）。来自外部的压力时而会如排山倒海一般汹涌，同样，我们在困境中内心承受的负面情绪也总是如影相随。这就是为什么在我们感知（态度）和应对这些压力源和负面情绪（行为）时寻求一些改变可能是我们强化心理韧性的一种最佳选择。

你可以尝试将注意力从刚刚发生的事情转移到如何应对眼前的困局上，来体验这种转变态度和行为的力量。比如：

糟糕！盘子碎得七零八落！太遗憾了！那是我毕业时姨妈特别为我定制的盘子。唉。让我想想，我还是打电话把这桩倒霉事告诉她。虽然我们都深感遗憾，不过，也许下周我们可以再去买一个特别的盘子。嗯，有这样的机会去看看姨妈也很不错。

购买新的变速器花了 3000 美元！这可是一大笔钱。不过……至少眼下的问题解决了。换好之后，我的车还能再开 5 年，而且……我们今年可以少休一周的假来弥补损失，还有……从长远来看，这点小麻烦并不值一提。

医生想做进一步的检查可不是什么好消息。这真是让人忐忑。但是，耐心点，我应该先得到我需要的信息来正面处理这件事情。

这种做法带来的最大收益是，如果我们能在这些情况下改变自己的态度和行为，我们就能在任何情况下换个角度去面对问题，这无疑是一个巨大的转变。

在刺激和反应之间，存在一个空间。在这个空间里，我们有能力去选择自己的反应。而成长和自由的关键就存在于我们的反应当中。人类终极的自由，便是在任何特定的环境下选择自己的态度。

——维克多·弗兰克尔（Viktor Frankl）

这种改变是我们如何从"自怨自艾的我"转变为一个"积极强大的我"。这是一种从固定型思维到成长型思维的转变，一种保持开放学习思维的方法。我们可以改变所接收到的任何关于我们眼下如何应对（或不应对）或过去如何应对（或不应对）的思维方式，不断增强心理韧性，尝试把自己看作是具有复原能力和应对能力的人，更是具有应对学习能力的人。

神经可塑性（Neuroplasticity）

所有能够推动和增强心理韧性的优秀特质，比如临危不乱的冷静、处变不惊的清醒、审时度势的灵活、善于取舍的明智以及顽强不拔的坚忍，所有这些能力其实都是与生俱来的，它们是在大脑进化时便深植于其中的。

正是由于神经可塑性，大脑可以在我们的一生中随机应变地创造新的反应模式。从物理学的角度来看，成年人的大脑是稳定的，但其功能却是流动且可塑的，而不是僵化或固定的。大脑可以不断生长出新的神经元，并在新的脑回路中连接这些神经元，在记忆和习惯的新神经网络中嵌入学习到的新内容，并在需要时自动接入这些神经网络。

大脑这种可以持续发展和改变功能的能力，无疑是现代神经科学最令人兴奋的发现。大约30年前，正是成像技术的发展使神经学家能够看到发生在前额皮质，即大脑执行功能的中心，以及大脑其他部位的这些变化，大脑的神经可塑性才被科学界所认可。在人类生命周期的每个阶段，神经可塑性都是驱动所有学习能力发展的引擎。

神经可塑性意味着我们需要的所有心理韧性都是可习得、可恢复的。即使我们在早期生活中没有充分建立起这种韧性——可能是因为缺乏正面的榜样，早期依恋的安全感缺失，或者在大脑发展出必要的应对通路之前就经历了太多逆境或创伤——这些都没关系，现在也可以学习、获得心理韧性。没错，我们的大脑总是可以学习新的应对模式，再将这些模式嵌入新的神经回路，甚至在旧模式不再发挥积极效果时，将它们重新激活，进入新的制约状态。神经网络是选择应对策略和行为的基础，可以由自我导向的神经可塑性进行重塑和修改，这一切完全可以由自己做出方向性的选择。在我看来，人们随时都可以选择学习、改变和成长，因为大脑永远具备这样的能力，始终为学习、改变和成长保驾护航。

培养大脑的反应灵活性

前额皮质是大脑执行功能的中心，也是我们在做计划、决策、分析和判断时最依赖的结构，自我导向的神经可塑性也离不开它的参与。前额皮质还具备许多其他功能，对我们的心理韧性建设至关重要：它能调节身体和神经系统的功能，管理多种情绪，平息杏仁体（Amygdala）的恐惧反应（这种平复力对心理韧性来说举足轻重）。前额皮质使我们能够与人共情，对他人的处境和情绪感同身受，并且随着时间的推移意识到自我的进化。它承载着我们内心的道德罗盘，是一种负责大脑反应灵活性的结构，具有改变我们对事物的判断、观点、态度和行为的能力。

所有这些能力，尤其是面对复杂情况稳定情绪的能力，都会随着前额皮质的成熟而逐渐发展。大脑的生长、发展、学习、遗忘和重建都依赖于体验，正是种种重复的体验，才促使大脑完成学习——忘记——再学习的运作周期。这在我们幼儿时期的各种进步中表现得最为明显：我们通过反复的经验积累而学会走路、说话、阅读、打棒球和烤饼干。

我们已经知道，各种体验是大脑神经可塑性的催化剂，也是我们终身学习能力的基础。不管在什么时候，我们都可以选择恰当的体验，来引导大脑更好地学习，同时，我们的心理韧性也可以在任何时候随着我们选择的体验不同而增强或减弱。

正如威斯康星大学麦迪逊分校（University of Wisconsin, Madison）健康头脑中心（Center for Investigating Healthy Minds）的创始人兼主任理查德·J. 戴维森（Richard J. Davidson）所说："体验塑造大脑。根据神经科学对大脑的研究，我们坚信大脑功能的改变是可行且必然的，这不是什么例外现象。我们只面临一个问题，那就是要用什么样的选择来影响大脑的改变。既然我们可以选择用什么样的体验来塑造大脑，那就应该选择那些可以让大脑变得明智而且健康的体验。"

大脑的反应灵活性为何经常失灵

为什么我们大脑的反应灵活性时常失灵？为什么我们有时在面临困境时难以复原、应对无措？不妨先看看以下4种体验，它们都会对大脑反应灵活性产生不同的影响。

1. 幼儿时期的互动与依恋制约

幼儿时期的体验会促进大脑前额皮质的发育和成熟。在成长过程中，当我们身边最亲密或对我们产生最重要影响的人，比如父母、亲人、朋友、师长等，拥有并表现出掌控情绪的能力时，我们便在开发大脑的反应灵活性方面占尽了先机。

我们会通过观察他们面对挫折的反应来学习自我情绪管理，比如是保持冷静、等待转机，还是气急败坏、摔门而去。

我们都有这种观察和模仿他人反应的能力，尤其是在幼年时期，大脑的运作方式会自动模拟身边大人的头脑运作方式，逐渐与他们的大脑趋同，日臻成熟。这种早期的互动和依恋关系（向其他人学习的能力）是调节我们行为的神经生物学基础，这是自然演进出的最有效的方式。随着周围的人不断调节自己的神经系统，我们的大脑也学会了调节自己的神经系统。通过感知他人对各种情绪的体验，我们也学会了管理和表达自己的多种情绪。大脑还能够通过体验身边人的变化来学习调整自己的体验。

这种调节性学习大多发生在3岁之前，此时我们的个体意识几乎还没有形成。大脑无意识地将这种程序性学习编入内隐记忆（implicit memory），这也是大脑非凡效率的一种体现。

在我们开始自主学习做出各种选择之前，大脑就已经学会了大部分自我调节、积极应对的程序，并以这种方式与他人和环境协调互动。研究表明，幼年时期形成的健康依恋关系以及对他人良好自我调节系统的模拟，是长大以后应对压力和创伤的最好缓冲。

随着年龄的增长，我们开始自主学习、自由选择。前额皮质逐渐成熟，我们从记忆中学到的东西越来越少（尽管内隐记忆的内容可以伴随我们一生），而从自我意识、自我反省和自我接纳的能力中学到的东西越来越多。这些能力可以帮助我们选择有用的体验以开发大脑的全部能力，这些体验会有效改变大脑中的神经回路，从而改变我们的行为方式。

2. 反应灵活性没有发育成熟

也有令人遗憾的情况发生：若是早期依恋关系建立得不够完善，大脑没有被引入积极、健康的发育模式——如果我们体验了太多的忽视、冷漠、批评或拒绝，或者身边人传递出的情绪过于复杂晦涩、琢磨不定——我们的大脑就很难发展出必要的心理韧性：我们会变得难以掌控自己的情绪，面对压力时无法调节愤怒、恐惧、悲伤等强烈情绪；难以信任自己和他人；遇到事情把握不住重点，毫无应变之策；不会随机应变，也不具备灵活的学习能力。

神经回路的生长可能陷入过度的防御状态而僵化不前，或因无法凝聚而持久混乱，这些问题都会导致心理韧性的缺失——我的同事邦妮·巴德诺（Bonnie Badenoch）将这种状态称为"神经水泥化"或"神经沼泽化"。如此，我们会形成一些不太高明的应对习惯——要么不够灵活，要么不够稳定。（请注意：这在人类的情感体验中是完全正常的现象。）

3. 不幸的童年经历或创伤

若是童年时期经历过多不幸，比如受到来自家庭或社区的暴力虐待、被坏人蛊惑而沾染毒瘾，一个成长中的孩子将很难学会如何应对困境，因为这些不良的经历会损害大脑的健康发育。如果孩子的父母一方酗酒，兄长恃强凌弱，而其他家人又不进行有效干预和保护，那么这种心理创伤无疑会让孩子不堪重负，甚至会对正在发育的大脑造成深层次的创伤。这种干扰会阻碍大脑的正常发育，从而损害其学习应对生活挫折的能力。他的思维和记忆功能都会受损，尤其是调节情绪以及与他人交往的能力也会遭到严重破坏。毫无经验的孩子可能会通过"逃避"来应对困境，一遇到问题就本能地躲闪回避，选择自欺欺人地麻痹自己。在这种状态下，他的活力、信念、希望和自我认同也会慢慢消失殆尽。

4. 突发变故

我们的一生，很难避免受到突发变故的创伤，比如身患绝症、亲人离世、遭遇天灾失去家园。这些重大灾难的发生都可能导致前额皮质功能损伤，至少是暂时性的中断。如果没有高阶大脑的发育提供更全面的选择，大脑便会自动求助于仅以生存本能为目标的低级模式，或者是我们神经回路中已经存在的自动模式，此时我们的反应和决断能力都十分有限。研究人员发现，75%的美国人一生中至少经历过一次精神创伤，因此大多数人都可以预设一下，在生活的某个未知时刻，我们的心理韧性将要面临一次真正重大的考验。研究还发现，正如彼得·莱文（Peter Levine）在躯体体验创伤疗法中明确指出——"创伤是生命的现实，但并不代表我们永远无法治愈它。"

好消息是，即使在成长过程中我们的反应灵活性发育得并不十分完善，或者眼下似乎被一些糟糕的生活插曲打乱了，我们仍然可以做出正确的选择，这将帮助我们充分培养和重建心理韧性。

接下来，让我们来探索大脑变化的过程，巧妙地提升情绪弹性，让自己变得更好。

改变心理制约的3种方法

现代神经科学的发现已经充分证实了大脑变化的过程。为了便于读者理解和应用，我们有必要对这些过程进行一些简要阐释。

1. 制约

"大脑从体验中学习。"读完这一章的时候，甚至在睡梦中都能说出这句话了。不管任何体验，无论正面还是负面的，都会引发大脑中的神经元兴奋。也就是说，神经元之间通过电位信号和化学信号产生互动，进而交换信息。重复的体验会导致大脑神经重复受到刺激，从而产生重复的反应模式，积极反应和消极反应都是如此。这就是所谓的制约效应。现代神经科学中有一条著名的公理，由加拿大神经学家唐纳德·赫布（Donald Hebb）提出："共同激活的神经元成为联合。"

可以想象一下雨水从山坡上落下的情景。一开始，雨水都顺着山坡漫无目的地流淌，但最终水流会在山坡上冲出一道浅沟，然后慢慢形成更深的沟壑。一旦这样的水道形成，雨水就纷纷从各自的浅沟里汇聚到一起再顺着山坡流下。同样，我们的大脑也会产生类似的水道效应和反应模式，除非我们进行干预，否则我们就会像一直以来的那样自动对困难做出反应。制约就是将我们所有关于应对的早期学习成果编写进大脑的过程。

如果我们没有对大脑运行进行干预，它就会一直自动进行这种学习和编写。当我们没有授权大脑启动新的应对模式，或者重新配置旧模式时，大脑会继续进行自我学习，并在其神经回路中自动编写反应模式。我们不必指挥大脑如何学习，也不能阻止它学习。然而，当我们希望对大脑已经学到的东西进行重组和利用时，就可以人为地引导学习的方向。

大脑中保存着许多反应模式，这些模式在人类进化过程中已变得根深蒂固。战逃反应是我们神经系统的自动生存反应，比如我们看到蜘蛛会下意识地后退，本能地躲避飞速驶来的汽车，遭遇无法接受的打击时会情绪崩溃。负面偏见（negativity bias）是一种习性（同样是一种无意识的倾向），也就是说，相比于正面事件，大脑更容易存储关于负面事件的记忆。这种特性能提醒我们迅速留意到危险，对人类的生存至关重要，但对提升每个人的幸福感却并不友好。我们的大脑会根据性别、种族、语言和文化，无意识地将我们对他人的看法分为"喜欢"和"不喜欢"。大脑的这种自发感知倾向是另一个对生存很重要但在日常生活中可能带来困扰的特性。

针对这些自发反应，我们可以有意识地培养新的反应习惯。在接下来的几章中，我们将探讨如何重新构建那些对我们不再好用的习惯或反应规则，这些模式可能是我们从原生家庭或传统文化中学习到的，比如习惯于在被欺负时选择忍气吞声、息事宁人，而不是直接告诉对方他们没有权利伤害我们，或者因为某人不符合我们之前对"优秀"或"有能力"的概念而忽视他的潜力。

无论如何，只要我们想建立新的反应模式或重组旧的模式时，就可以使用下面描述的3种改变大脑的方法。

2. 新制约

新制约是心理学术语，指有意识地选择一种新的感受或体验，从而将大脑的功能和习惯转向特定方向的过程。每当你开始学会感恩、提升倾听技巧、凝聚专注力量、强化自我同情或自我接纳，并且随着时间反复练习时，你都在使用新制约的作用来创造新的学习方式、新的神经回路和新的模式习惯，进而应对生活中的突发事件，甚至得到新的能力去面对潜在风险，最终走出人生低谷。通过这些方法，你会在大脑中创造新的回路、新的记忆和新的模式，经年累月之后，就能将其固定为思维中的积极应对习惯。

新制约不会废除旧的制约。当你感到压力大或是疲惫不堪时，大脑会默认按照原来的制约模式运行，因为这对大脑来说，"重蹈覆辙"更加简单有效。但是，经过多次练习，你就可以在大脑运行的过程中创造一个选择点，在后面的路径中建立起新制约，逐步重置旧制约。

3. 重新制约

重新制约的专有名词是"记忆拆分与重组"。近年来，最新的扫描技术能够帮助神经学家清楚地掌握大脑的这一运转过程，但其实这就是创伤治疗的基础，已经被我们应用了几十年。

当你开始尝试重新制约时，需要有意识地仔细回忆过去的创伤经历，这些苦难曾经破坏了你的心理韧性，让你感到悲观彷徨，那么需要做的是，努力回想自己对那次经历的反应，重新体验当时和现在的思考和感觉。通过专注于这种体验，你激活或"点亮"了保存着这种体验的神经网络，包括视觉图像、身体感觉、情绪起伏，以及当时和现在对自己的认知与再认知。这种神经网络的重启就是重新制约的关键。

例如，当你被这样的记忆所困扰：在某一次重要会议上，你因为起晚了而没能按时出席，但又不好意思将这样的理由公之于众，于是你就编造了某个谎言来掩盖。直到现在，每次一有重要会议，你都因为担心被人戳穿谎言而忐忑不安，这种犹豫不决甚至妨碍了你的工作表现。你不得不停下来，认真思考这个问题，回想你能记住的关于这个事件的每一个细节，包括现在对这件事的感觉和对自己的看法。

你可以自己学习使用重新制约的过程。然而，有一点很重要，你要避免沉溺于旧日的创伤当中，或者在修复的过程中受到二次伤害。因此，你可以谨慎些，每次只修复一小部分记忆就好，这样你的大脑才能有足够的安全感来进行恢复和重置。（第二章至第七章中的练习为重新制约提供了许多方法。）

一旦负面记忆被激活，我们便可以将它重置或修复。你需要在意识中将其与一个更有力、更积极、更有韧性的事件或者哪怕一个想象的事件放在一起，让你的记忆同时持有旧的负面体验和新的正面体验（或在两者之间交替）。这种并置会导致最初的神经网络分裂开来（记忆拆分），然后在零点几秒内重新连接（记忆重组）。神经学家现在可以利用脑成像技术监测到这个过程。当新的积极记忆比以前的消极记忆更为强烈时，它就会"战胜"并重组消极记忆。

让我们回到刚才的例子，你可以想象一个不同的结局来重置上次没能按时参会的记忆，即使那个场景没有发生在现实生活中也无妨。你可以想象，几天后你遇见了那次会议的两个关键人物，并向他们解释你为什么迟到，即使你的理由相当蹩脚也没关系。在想象中，你可以为自己的失误道歉，为撒谎道歉，还可以提出弥补的方法。你想象这两个人对你表现出充分的理解与宽容（即使在现实生活中他们并不会如此反应），然后想象自己如约出现在下一次会议上。

这种机制不会改变最初发生的事情——现实事件当然不可更改，但它确实会改变你与所发生事情的关系。它不会改写历史，但会重组你的大脑。你不会忘记旧的记忆，但它不再具有胁迫性的影响力而让你偏离正轨。使用这种方法完成负面记忆修复的人经常会说："哈！当时我何苦要那么难过？"

建立新制约的过程

建立新制约和重新制约都依赖于大脑的专注处理模式。我们有意识地把大脑的注意力集中在一项特定的任务或练习上，以激活相应的神经元。神经学家设置过一项实验，他们安排了一些研究对象，让他们听音乐、收看关于战争的新闻，或者缅怀自己死去的宠物，然后扫描他们的大脑。神经学家们认为，当受试者没有对大脑下达做某件事的指令（比如猜出某种颜色或解决某个难题）时，大脑应该是保持静止的。

然而完全不是。他们发现，"休息状态"的大脑比以往任何时候都更加活跃，不仅仅是某个特定区域，而是整个大脑都活跃非凡。这种状态被称为大脑活动的默认网络模式（default network mode）：当我们不自觉地将注意力集中在一项任务而忽略对大脑的指令时，大脑会自行启动，运作自己想要操作的事情。但我们恰恰可以利用这个模式来解除旧制约。

4. 解除旧制约

当你没有刻意授予大脑指令时，它会进入默认模式网络，随心所欲地创建关联和连接，在它想去的区域漫游，并以新的方式连接神经突触。这是一种涉及想象和直觉的处理方式，最直观的感受就是你可能突然落入虚无的沉思或突然碰撞出灵感的火花。

在解除旧制约的练习中，我们可以在引导观想和引导冥想中发挥想象力的作用，正如加州大学洛杉矶分校（University of California Los Angeles）第七感研究中心（Mindsight Institute）的丹·西格尔（Dan Siegel）教授所说，为我们的大脑打开"所有可能性的空间"。这样我们就可以利用大脑在漫游和玩耍时产生的新见解来创造新制约。

在使用默认网络模式恢复心里韧性的练习中，需要掌握以下两个重点：

首先，因为默认网络是处理自我社交意识的地方，激活它会让你陷入担忧和焦虑：他们喜欢我吗？接纳我吗？我是不是在别人面前出了丑？他们觉得我怎么样？练习过静观冥想的人对这种大脑进入反思模式的情况会很熟悉，他们有时将之称为"神游天外"或"心猿意马"。例如，当你试着把注意力集中在呼吸或默念《心经》的时候，却发现大脑在思索着晚餐的菜单或明年暑假的计划，盘算着与同事的争吵，或者为朋友离婚而担心。当你对自己感到羞耻、担忧或痛苦，或者惦记着一件悬而未决、令人不安的事情时，你的大脑也会反复思考、纠结于这些想法和情绪。

其次，当那些已经被我们排除的糟糕或痛苦记忆偷偷潜回到意识中时，大脑有时会通过分离的方式来避免面对它：大脑会直接选择忽视这些记忆，专注于愉快的事情，或者又天马行空地漫游。于是，潜在的不安或痛苦的记忆根本不会从意识中浮现出来，更无法影响我们的心情。分离是大脑最强大的机制之一，它能保护我们不被压力、痛苦或创伤所压倒。我们的大脑几乎从出生的那一天起就具备分离功能，当我们面对暴力或虐待的创伤却无处可逃时，分离确实可以帮助我们复原。

在生活中的许多时刻，我们都可能会在一些小事上发生游离，就像三年级时觉得课堂无聊得要命，望着窗外发呆，或者进入白日梦的状态，直到下课铃响才回过神来。这都是正常的经历，完全无须感到羞耻，也丝毫不必自责。但要清楚，分离并不等同于有意识地进入默认模式网络，能够在其中处理一些事情以提高感知和习得能力。

我们可以把注意力集中在眼前的事情上——专注于呼吸的感觉或脚踏实地的感觉，从而立即把大脑从沉思或分离中拉出来。也可以利用默认网络模式的积极方面，也就是想象力和自由联想，自发随机地从深刻的直觉智慧中创造新的见解和行为。

制约，建立新制约—重新制约—解除旧制约，按照这个顺序学习大脑变化的过程是一种特殊的智慧。

大脑创造神经回路的过程会贯穿我们的一生。我们需要了解大脑以前选择的制约模式，因为这些模式现在储存在内隐（失去意识）记忆中，当被眼前的事件触发时，我们会一如既往地做出反应，无论这种反应是否理想，都没有留给我们选择的机会。

有时这种制约仍然是正解，有时它们不再奏效。棘手的是，内隐记忆没有时间概念。当它们突然浮出水面时，对你来说，这种体验和过去一样真实，就像记忆中的事件正在发生，你可能还会做出下意识的反应，而不会意识到这只是一段记忆。你掌握了这些大脑运行模式（你将在本书中不断练习），就可以选择将记忆进行重组，或者创造新的反应习惯。

新制约创造了新的神经回路和更有效、更明智、更有韧性的反应模式。这些新的与旧的神经回路并驾齐驱或在旧回路的基础之上运行,当你面临新的或再次出现的困难时,就会有更多可选择的处理方式。

大脑拥有更多新的选择,其本身也会变得更加稳定。你可以在旧的制约模式启动之时,对其进行一番调整和重置。这个过程意义重大。当你集中思想,谨慎地重新制约,不仅可以做出有效的调整,还可以有意识地改变大脑结构。

当你能够熟练地掌控大脑的注意力时,也可以学会根据需要分散注意力,大脑就可以在前额皮质的监控之外随心所欲地漫游,一旦你发出指令,大脑的注意力还可以在一瞬间就重新集中起来。在默认模式网络下,大脑会创建自己的关联和连接,以全新的、有时非常富有想象力的方式连接神经突触。这种解除制约的过程会让我们生出深刻的直觉智慧,本书中的练习对于获得这种智慧颇有助益。

当我们懂得运用这些方法,在面对困难的体验和反应中激发出更大的心理韧性时,我们就会意识到自己完全可以利用这些方法有效改变大脑,我们都可以成为一个能够学会应对困难、失意甚至灾难的人。我们可以利用这种能力,让自己变得更好、更强大,无论在多么贫瘠的土壤里,都能顽强地开出花来。

心理韧性的基础:5种智能

第二至七章提供了许多种练习,帮助我们利用以上 3 种改变大脑的过程来加强前文提到的 5 种智能。

1. 身体智能

获取身体智能,即体内与生俱来的智能,包括使用基于身体的工具,如呼吸、触觉、运动、社交和想象等,来管理神经系统的压力和生存反应,让高阶大脑发挥更全面的功能,使身体和大脑恢复自然的生理平衡。开发身体智能可以增强安全感和信任感,为激发大脑的神经可塑性做好准备。通过练习,我们的"心理承受能力"会大大增强,有能力和意愿去尝试新的行为,也能承担新的风险。

2. 情绪智能

通过开发情绪智能(也就是情商),我们能够更好地管理愤怒、恐惧、悲伤、羞耻和内疚等情绪,进而培养积极的心态,有助于大脑从退缩和消极状态变得开放、接纳和活跃。书中那些培养共情、正念和心智理论的练习可以让我们熟练地参与并驾驭他人的情绪波动。

3. 内在智能

内在智能与自我意识相关，在增强内在智能的过程中，我们会重新调动内在的心理韧性，发掘出过人的智慧。面对外界的批评，让人沮丧的无力感、挫败感以及漂泊感时，会以一颗平常之心冷静对待；面对那些内心的不同声音和差异部分，也会做到真心接受、整合，甚至与之握手言和。这种智能会修复和加强我们的归属感，让我们成为一个内心安定、值得信赖、勇敢无畏的自我，可以泰然自若地面对世界，这就是心理韧性的基石。

4. 人际智能

人际智能包括学习如何与他人建立亲密关系和社会关系，让自己能够信任他人并与他们和谐相处，良好的人际关系无疑是对我们心理的一种庇护，而且有益于提升心理韧性。我们会懂得在与人交往时掌握恰当的尺度，既不过从甚密、突破界限，又不过度疏离、孤僻无依。通过人际智能，我们与他人可以建立一种健康的依存关系，并且不断促进这种健康、和谐、高效和充实关系的发展。

5. 反思智能

使用反思智能练习正念意识，就可以看清眼前的事态和自己的反应，再有针对性地改变和重置那些阻碍大脑反应灵活性的惯性思维，培养出能够明察秋毫、智慧决策的平和心境。

生活困境的3个等级

强化这5种智能有助于应对任何程度的创伤，从而增强心理韧性。在本书中，我们将生活困境分为3个级别：

第1级：小风浪

小小的波折和风浪在生活中随时随地都可能发生，但我们内心的韧性会保持稳定缓冲，不让我们受到伤害。在这种情况下，前额皮质的反应灵活性可以让我们平静自信地面对任何确定或未知的新问题。不管发生什么事，我们的情绪都不会太过波动。本书也提供了许多方法来开发和稳定这个心理安全屏障，无论在什么情况下我们都可以快速平复，找回安全感。

第2级：困顿和心痛，悲伤和挣扎

当有倒霉事发生时，我们会有一瞬间的分神，有时也会较长时间地处于一种低迷状态，心理韧性开了一段时间的小差。但我们也可以期待情况好转，通过一些心理干预的方法和技巧，就能够逐步复原、积极应对。这种情况下，我们仍有能力做出正确的选择，快速调整好状态，重新夺回心理阵地。

第3级：生命无法承受之痛

其实人们很少有机会面对真正的困难，更不用说灾难了，许多人面临的压力都是在生命当中前所未有的。有时生活给我们的打击超出了我们的承受能力。也许是发生了一件可怕的事情，也许数个噩耗接二连三地传来，也许是在还无法承受的年龄就过早经历了太多的磨难与挫折。在这种情况下，我们学习的防御性应对策略可能会损害前额皮质的自然发育，阻碍学习和灵活应对的能力。许多人就是因为经历过太多不幸，长时间的压抑和痛苦已经将心理韧性消磨殆尽。我们面对无法承受的痛苦打击，就有可能造成心理上的创伤。学会处理创伤、走出阴霾是恢复心理韧性的基础。

在每个人的生活中，随时都可能遭遇这3种程度的心理破坏。本书提供的方法可以帮助我们从容应对。也可以选择针对特定创伤等级的心理韧性技巧，找出我们需要的方法，来重新调节大脑。

5个方法加速大脑的改变

在多年的工作中，我发现了5种加速大脑改变的方法。

1. 小幅多频的改变更奏效

大脑总是从体验中学习，无论是积极的还是消极的体验，都会被写入我们的记忆中，这就是神经生物学的基本原理。神经学家发现，通过小幅多频的刺激，大脑的学习效果最好。换句话说，你最好每天冥想10分钟，而不是1周才冥想1小时。如果你每天晚上及时发现并记下5件让你心怀感激的事情，而不是在周末一次列出 20 件事，更有助于你的大脑学习发展。

神经学家理查德·戴维森观察到，正念静观和自我同情是科学界已知的两种可以有效改变大脑的因素。这些练习正是以大脑最擅长的方式进行的：少量处理，反复多次。

当我们试图消除负面、痛苦或创伤经历的影响时，小幅多频是一种不错的方法，也就是一次只处理一小部分记忆。我们谨慎地处理少量信息，这样大脑就不会被压垮或者再次受到创伤。这种练习不仅能够让我们最有效地学习和强化新的能力，还能帮助我们放下毫无益处的模式，迅速找到新的模式。

2. 安全感是神经可塑性的助推剂

当我们面临一些新的或未知的挑战、困难或风险，我们就需要心理韧性保驾护航。每次我们成功逾越未知，摆脱困境，渡过危机或创伤，我们的复原能力都会得到锻炼和发展。但大脑也需要建立一种自身的安全感（神经感知），以便启动神经可塑性，完成学习和重置。大脑在放松的状态下的适应力远比在紧张、收缩、挣扎于生存安全的状态下强大很多，能够更好地感知和整合从体验中学到的东西。

在第二章中，我们将探讨大脑的自然生理平衡，以及如何巧妙地运用它。保持冷静和放松，同时保持专注和警醒，唯有如此，你和大脑才能够妥善地应对任何纷乱、痛苦，甚至潜在的危险或生命威胁。你需要有意识地在各种体验中保持心态平静，冷静思考，寻找解决问题的途径。大脑的这种自然平衡在心理治疗中被称为韧性范围，在创伤治疗领域被称为"容纳之窗"(the window of tolerance)。传统佛教哲思中也有类似的概念，称为"禅"，即用平静的视角观望生活的纷扰。

对于大多数人来说，临危不乱是一条很高的标准。但是，如果我们学会保持这种平静，就可以坦然面对潜在的灾难，而不用被迫启动大脑为了求生的"战逃反应"。

3. 积极情绪有助于大脑改变

所有情绪，无论是消极的还是积极的，都是身体向大脑发出强有力信号，让我们知道："注意！有重要的事情发生！"我们在第三章中提供的练习可以让你管理好山呼海啸一般汹涌的情绪，即使是情绪灾难也能够被驯服，这样一来，情绪带给你的就只会是陪伴和鼓励,而不是更大的压迫和损害。你还能掌握更多的技巧,比如当消极情绪出现时,你如何改变习惯性反应。

首先,我们要认识到积极情绪的力量,它能将大脑的功能从收缩和抵抗转变为开放、接纳和乐观。这一转变带来最直接、最清晰的结果就是心理韧性的增强。培养积极情绪,比如感恩、敬畏和喜悦,不仅能够改变你的情绪,让你感觉更舒适,还会让你的大脑变得强韧,在与世界的观照中更加睿智成熟。

4. 共鸣催生新的策略

我们都期望得到他人的理解、接受、认可和尊重,这会从另一个角度鼓励我们去理解、接受、认可和尊重真正的自己。这会帮助我们培养内心的韧性,对于提升冷静、勇敢闯荡人生的能力也至关重要。来自他人的善意会让我们相信,人际关系既是我们的避风港,也是我们从困境中复原的宝贵资源。

也许在青少年时期,你没有感受过这种重视和欣赏(其实有接近半数的人都没有这种体验)。在早年生活中,你可能既不自信,又不被他人所信任——在一次次的伤害、背叛、忽视、抛弃、拒绝和批评中,这种不信任感会越来越强烈。第四章和第五章介绍了许多方法和练习,帮助我们消除或调整这些距离感,慢慢恢复信任。这些练习会帮助我们发展良好的人际交往技能,比如寻求帮助、协商改变、订立规则等,为我们营造舒适的亲密关系或健康的人际关系,这是人生获得幸福感的基本源泉,有力地支撑着心理韧性。

积极心理学先驱芭芭拉·弗雷德里克森(Barbara Fredrickson)在她的著作《爱的方法》(*Love 2.0*)一书中,向我们展示如何建立共鸣关系的基础。当两个人产生身体接触和眼神交流,分享积极情绪(比如善意、平和、快乐)和相互关爱时,他们的脑电波就开始同频共振、相互映照,产生一种我称之为信任、她称之为爱意的共鸣。

这种神经同步可能是由催产素(oxytocin)的释放来推动的,催产素是一种促进安全与信任的荷尔蒙,我们将在第二章详细讨论。催产素可以把你带入一个安全区域,为神经可塑性创造最佳条件,从而促进大脑的学习和成长。我们将探索如何能与父母、手足、朋友、师长、爱人、后援或治疗团队建立这种共鸣关系或营造更多神经同步的时刻,来帮助心理韧性在心灵和大脑中落地生根。

5. 有意识的反思会帮助我们认清现实、明智决策

大脑可以在没有意识的情况下处理体验。通常，当一个人在幼儿时期，无法形成对特定情况或事件的有意识记忆时，创伤体验会被写进神经回路中，成为内隐记忆。同样的无意识处理也可能发生在积极或中立的体验中，大脑的运行一向如此，就像你每天上下班的通勤路线已经深深植入你的大脑，以至于你可以像自动驾驶仪器一样机械地开车上班，只有当你拐错了路，突然发现一切都看起来不一样时，才会猛地"清醒过来"。又比如，在某次聚会上，遇见看起来很眼熟又不确定的人时，在你真的回忆起以前在哪里见过他之前，大脑就可以调出你对他的印象了。

然而，当你想在大脑中创造和建立新的感知和行为模式时，你需要进行有意识的反思，以便检测过去创造的心理韧性资源是可查、可用的。有意识的反思与思考也不完全相同。它更多地侧重于你在经历某个事件的同时就关注着自己的感受。在体验的过程中，你开始意识到自己对事件的感知和反应（这都是神经回路发送信息的过程），这样你就可以重置那些阻碍你复原能力的固执偏激、低迷状态、身份限制或行为模式。

培养正念静观是提高反思智能的有效方法。正念静观不仅可以让你集中注意力，体验兼收并蓄的意识和观想反思的内容，也会强化大脑结构，使你的注意力更集中，通过对体验的反思转变视角，清醒地分析形势，进而做出最明智的选择。我们将在第六章介绍这个自我强化的宝贵练习。

那些声称靠学习和使用这些资源、智能和练习就可以让你完全轻松应对任何困难和危机的说法，似乎有些夸张，但这就是你将在第七章中练习的内容：进一步整合练习，重新配置大脑，更好地发挥心理韧性。

本书的主旨是，在人生的任何时刻，面对各种体验，你都有权利做出选择，用更适合发展神经回路的方式建立更强大的心理韧性。你可以学会"改变你的大脑，让生活变得更好"，而且收到立竿见影和长久不衰的良好效果。我们学会大脑的运作方式，不断创造一些选择和改变的时刻，才是真正地掌握了通往幸福人生的秘籍。

抓住时机，做出选择！

——珍妮特·弗里德曼（Janet Friedman）

每一时刻我们都可选择，每一选择都会产生影响。

——茱莉亚·巴特弗莱·希尔（Julia Butterfly Hill）

本书的目的就是提供这些方法和选择。

让我们继续探索吧。

第二章
身体智能练习

呼吸、触觉、运动、想象、社交

> 我们无法阻止潮起潮落，却可以学习乘风破浪。
> ——沙吉难陀尊者（Swami Satchidananda）

我们一直在讨论，当事情变得糟糕时，应该如何妥善应对。我们对生活中所有逆境和挑战的基本反应都源于我们的身体。所以，要想增强心理韧性，我们需要从调节身体工具开始，也就是加强我们的身体智能练习。

回想一下高中的生物课，你可能会想起关于自主神经系统（autonomic nervous system，缩写ANS）的内容。自主神经系统会不断扫描周围环境，包括你的社交关系，趋利避害地警惕对你生命安全或心理健康存在威胁的线索。这种扫描和信号来自脑干和脊髓深处，全天候无休止地在无意识的情况下运行，即使在你睡觉的时候也不会停止。高阶大脑能够接收到这种信号，事实上，高阶大脑对这个过程的监控十分必要，因为它需要根据制约状态来分析这些信号的意义。但是，因为高阶大脑对当前情形和处理方式的评估更为复杂全面，于是它的工作过程也较为耗时。身体的自主神经系统对信号的反应是毫秒级的，而你的前额皮质则需要更多的时间来反应，可能是几秒钟，也可能是几分钟。

我们知道自主神经系统有两个分支：交感神经系统和副交感神经系统。当你感到不安或有危险时，交感神经系统会立刻采取措施，激发"战逃反应"。这种快速的保护性反应会让你的身体马上行动起来，决定去应对还是逃离危险，是迎击还是躲避那些看起来不怀好意的人。

在高阶大脑意识到事态的严重性之前，低阶大脑就已经开始控制你的身体做出反应。在意识到你可能面临死亡威胁之前，神经系统就会做出应对，优先保全你的性命。

同样，当危机过去，副交感神经系统才会平静下来，让身体松弛，继续常规的休息或消化工作。这两个分支就像油门和刹车一样：激活交感神经就是踩油门，激活副交感神经就是踩刹车。

在没有危险的情况下激活交感神经系统有很多好处。它让我们更加积极，让我们有起床的动力，有与人交往的需求，有探索世界的渴望，还有去享受、创造和生产的热情。在人类社会中，我们建立政府等管理机制，创造动听的音乐，设计和建造房屋，努力解决气候变化等一切活动，都要感谢交感神经的贡献。交感神经由前额皮质调节，它的正向激活是我们所知一切人类文明的基础。

同样，在没有危险时，激活副交感神经系可以让我们感到心神集中、情绪平稳，内心平静又自在。副交感神经同样由前额皮质来调节，它的正向激活是个人幸福感的源泉——这种安逸就像是你在海滩上小睡片刻，在安静的冥想中放松身心，或者性爱之后沉沉入睡时的感觉。

不过，当交感神经系统和副交感神经系统对感知到的危险或生命威胁反应过度时，事情就会变得难以控制。交感神经突然激增会让你陷入气愤、暴躁或焦虑和恐慌的旋涡，而副交感神经突然飙升则会导致你感官麻木、反应迟钝或者浑浑噩噩。不管是过度亢奋或过度收缩都会破坏高阶大脑的功能，至少在短时间内会产生影响。在这种情况下，我们就只剩下自动生存反应，以及在幼年时期大脑神经回路中编码过的初级制约反应，这种神经生物学反应既迅速又有效。

这一章将要介绍如何运用呼吸、触觉、运动和想象的练习来增强你的身体智能，从而让你学会识别、解释和管理神经系统发送给高阶大脑的信号。你可以回到健康的基本生理状态——理想的韧性范围，舒适的容纳之窗，难得的身心舒泰。你可以又一次享受平静而放松的感觉，既投入又警醒，周遭一切尽在掌握，甚至可以轻松地哼着歌前进。在这种平衡状态下，你拥有必要的反应灵活性来应对环境中的压力源信号（或者体验自己关于这些压力源的感受，或者理清自己与这些压力源的关系），进而分析出还有哪些选择，再采取最为明智且灵活的行动。

如今，我们不再像祖先那样，必须时刻警惕外界对我们生命安全的严重威胁，而是要更经常地避免对我们心理安全和健康的慢性伤害。所以，我们就是要通过书中的练习，学会加强大脑中无意识的社会参与系统，以调节神经系统，专门应对这些心理上的不适。

寻找控制情绪的"开关"

我们时常会面对一系列的压力，比如高强度的工作重负，伴侣、老板和子女不断抱怨或者诋毁你的自我价值，或者无法达成期望的失落感，等等，这些都会导致交感神经进入"开启"状态。你不得不加快速度，放弃休息，这会让你更加焦虑、沮丧、紧张，无法恢复安全感和宁静感，这些感觉都会对健康产生巨大影响。

其他情况也会导致副交感神经陷入"关闭"模式，比如长期毫无成就感的工作，短时间里经历太多的损失或挫折、羞辱和责备、批评和拒绝，或者其他类似的感受。这时你可能会陷入分裂、否认、被动和绝望的情绪之中，束手无策地沉沦，也可能会陷入一种习得性无助或抑郁的状态，没有勇气或动力再去一次次地尝试。这种反应是神经生物学遗传给我们的一部分，就像几百万年前我们的祖先就懂得装死以避开狮子的啃食一样。数十万年来，我们在社会群体中进化，学会在冲突中退让，在困境中给他人抚慰，这样群体才会给我们庇护和归属。

20年前，神经生理学家斯蒂芬·波格斯（Stephen Porges）发现了自主神经系统的第3个分支，即腹侧迷走神经系，他称之为社交迷走神经（social vagus）。这是一种连接身体和脑干的神经通路，与颈部、喉咙、眼睛和耳朵的神经相连。当我们和信任的人在一起，感到很安心时，这种神经就在脸颊和心灵之间打开一条通路，产生一种无意识的神经安全感。人类具有社会属性，需要在家庭、亲友和社会环境中生活和成长。当大脑的安全感和幸福感被破坏时，它会自动发出信号，与他人建立联系，寻求安慰。大脑的社交参与系统甚至可以在无意识中感知到"没关系""虚惊一场""你很好"或"你很安全"等信号，这些信号就是产生安全依恋和内心安全感的神经生物学基础，这也是我们能够在必要时承担风险的心理堡垒。

波格斯的合作者，戴布·达纳（Deb Dana）在《多重迷走神经学科入门指南》（*A Beginner's Guide to Polyvagal Theory*）中写道：

> 在腹侧迷走神经活跃的状态下，我们的心率平稳，呼吸顺畅，能够凝神注视朋友的脸庞，倾听他们的话语，而不受周围噪音的干扰。我们可以看到"大局"，并与世界和他人联系在一起，体验到快意、积极、乐趣，此刻的世界充满安全、趣味与平和。这种状态让我们头脑中富有条理、按照计划行事，既能照顾好自己，又能享受闲暇，与他人的配合度增强、工作富有成效，自我感觉良好，一切尽在掌握。面对困难时，我们会直面压力，勇于探索选择，积极寻求支持，妥善应对。

利用社会参与系统营造出的内心安全感并不等同于外部环境的安全——你可能仍然面临着房屋止赎的风险，或者仅仅因为弯腰系鞋带就闪到腰的无奈。在面对这些窘境时，你需要依靠心理韧性，也就是内心保留一份平静淡泊的感受。

当腹侧迷走神经完全成熟且功能良好时，它能调节交感神经和副交感神经的激增，起到"刹车"的作用，防止你陷入恐慌或陷入退缩的泥沼。你的身体可能会出现一些不适，但是大脑可以保持平静，并且很快从受挫的情绪中恢复。你对自己会有充足的自信，坚信"我以前经历过比这更糟糕的事情，我完全能够处理"。你知道周围的亲友都是你的资源，依靠他们的冷静和能量，你也可以很快复原，他们相信你有能力破局，你也对此深信不疑。

本章的练习旨在帮助你学会使用身体智能，包括呼吸、触觉、运动、想象和社交参与等工具，来恢复自然的生理平衡。即使一次次面对考验、变故、损失和创伤，几乎无法保持冷静时，这些工具也可以帮助你回到韧性范围，激发大脑的神经可塑性，寻求学习和处理的方法。我要举一个恢复平静的小事例：

星期五下午，我到学校接我 5 岁的女儿艾玛。我抱着她走向汽车时，险些被人行道上的一条裂缝绊倒。我踉跄一下，挣扎着恢复了平衡，没有摔倒，我和艾玛也都没有受伤，于是就一如往常地回家了。第二天，我把这件事告诉了我的瑜伽老师艾达，她说："看吧，瑜伽不仅锻炼了身体，也改善了生活。"

这正是所有这些练习的意义所在。心理韧性的训练不仅仅是一套技能，更重要的是它能改造生活习惯。每个人在人生路上都有可能被绊倒，但我们要学会避免摔伤。即使摔倒了，也可以重新站起来，哪怕跌倒的时候受了伤，有一段时间甚至永远都无法再爬起来，我们也可以通过学习掌握能力、技巧和资源，修复内心的感受，恢复幸福感。

建立新制约

这些练习能帮助建立更强大的心理弹性来应对生活中的挑战。即使事情变得一团糟，我们也能有意识地在大脑中发掘新的选项，更灵活地管理自己的应对方式。

第一级：应对小风浪

这些练习可以强化现有的神经通路，保持稳定的韧性范围，这样我们的情绪就不会出现太大的波动。可以避免被意外事件或飞来横祸击倒，即使坏事发生，我们也可以迅速整理情绪，回归理性。想要一直保持冷静，最简单的方法之一就是专注于呼吸。

> 缓慢呼吸可以增加迷走神经的启动和副交感神经的张力，对身心健康大有裨益。舒缓的深呼吸可以有效缓解痛苦。在压抑的时刻，慢慢地深呼吸可以恢复腹侧迷走神经的控制力，让我们感觉好一点。随着我们自主状态的改变，事情的结果也会有所改变。
>
> ——戴布·达纳，《规则的节奏》(Rhythms of Regulation)

我们一直在呼吸，只有呼吸才能活着。每次吸气都会轻微地启动神经系统的交感神经系（当你对某事反应过度而呼吸急促时，就会较大程度地激活交感神经）。每次呼气都会激活一点点副交感神经系（当我们对某事怕得要死、几乎昏厥时，副交感神经受刺激的程度也大大增加）。可以学习使用这种呼吸吐纳的节奏（比如延长呼气的时间）来放松身心，获得更深层次的幸福感。

👉 练习 2-1：小型呼吸冥想

1. 放松、轻柔地呼吸 5 到 10 次。专注地体验吐纳之间的感受，在吸气时感受清凉的空气穿过口鼻进入肺内，享受胸腔温柔扩张的过程，呼气时感受温热的气体缓慢流泻而出，胸腹徐徐放松，仔细品味这种身心俱泰的感觉。记住"小幅多频"的要领，每天都可以在工作的间隙多做几次这个练习。
2. 如果你愿意，还可以一边深呼吸，一边默默吟诵一行禅师 (Thich Nhat Hanh) 的箴言："吸气，找到内心的家园；呼气，感受世间的美妙。"
3. 吸气时，想象宁静的家园，可以对自己说："我在这里，我回家了。"呼气时，想象自己与外界友善地相处，与他人的关系既轻松又和谐。吸气时，头脑里想着"我"这个词；呼气时，再想着"我们"这个词。重复这个练习 1 分钟。

这项练习可以帮助你放松，找到一种舒适的喜悦感和安全感，享受内心的淡定与平和。你甚至会发现，这一刻内心的安全感是如此充盈："现在无论发生任何事情都不会破坏我的幸福。"好好品味这种轻松自在的状态，哪怕只是短短一瞬也无比值得。

👉 **练习 2-2：用心动情地呼吸**

在这个练习里，你要用充满善意情感的呼吸来加强身心的宁静与安全感。

1. 找一个合适的位置，身体舒服地靠上去，无须刻意费力地保持这个姿势。如果你愿意，可以闭上眼睛，或者温柔地目视远方。放松身体，进入一种轻飘的状态，慢慢地呼吸，把内心里所有不必要的紧张都随着呼吸释放出来。
2. 把你的意识集中到呼吸上，留意自己最容易感知到呼吸之灵的部分——鼻子、喉咙，或是轻轻起伏的胸腹。放下杂念，只关注呼吸时的简单感觉，纯净地感受一下呼吸时的小变化。
3. 现在看看你是否能以开放、好奇和关怀的态度面对自己和呼吸的状态。如果你发现身心有任何不适，先看看自己是否能够保持坦然，软化心态，接受此刻就是这样不完美，在这个过程中学会善待自己。
4. 放松些，忘记刻意的呼吸动作，感受身体自然而然的律动。
5. 看看自己能不能感觉到呼吸时全身的变化。观照你的呼吸如何充盈到整个身体，滋养每一个细胞。
6. 尽情呼吸吧。让自己彻底放松，自在地呼吸，在这轻松的时刻休息一两分钟。
7. 对每时每刻支撑你生命的呼吸表达由衷的敬佩或感激。
8. 最后，放下你对呼吸的专注，慢慢回归眼下，回归日常。一切就绪后，轻轻睁开眼睛。

这个练习可以帮助你欣赏明确的目标和为之付出的努力，为你创造或加深真正的轻松和愉悦感。通过这项练习，你可以有意识地调节神经系统的"开"和"关"，掌握平复情绪的密码。

温和地关注你的身体，可以让意识植根于当下感受到的安全之中。你要知道，身体的细微运动会唤醒你的大脑，激发好奇心和神经可塑性。

👉 **练习 2-3：专注于脚下**

1. 站起来，把注意力集中在与地面接触的脚底上。如果你愿意，脱掉鞋袜更好。踩到地面时，关注脚下的感觉。
2. 站定之后，轻轻地、小幅度地前后左右摆动，仔细体会脚下传来的变化。

用打圈的方式转动膝盖，感受脚底的反应。
3. 走神的时候，只需把注意力再次拉回到脚底上。
4. 先抬起一只脚，然后放下。再抬起另一只脚，放下。在抬起一只脚又放下的过程中，专注于脚上的感觉变化，同时也留意身体其他部位的感觉。
5. 慢慢走动几步，注意步伐要轻缓，一步一步来，体会脚下的感觉变化。感受每次抬脚迈步时脚掌落地的感觉。这个步骤持续半分钟或1分钟为好。当然，如果你愿意，也可以多走一会儿。
6. 重新站定，感知脚掌和身体的感觉。
7. 细想一下，如此瘦小的双脚是如何支撑整个身体的负重。请在这时刻认真欣赏或感谢双脚承担的惊人工作量，感激它们整天带着你走过忙碌的生活。

在店铺排队买东西的时候，或者在任何地方都可以进行这个练习，可助你体验当下的存在感、平静感和安全感。只不过进行到第5步的时候，你需要根据场合随机应变一些。即使这种细微动作的练习也不要忽视，它们一样会帮助你调节神经系统的功能。

第二级：应对困顿和心痛，悲伤和挣扎

我们都难免会经历一些小风浪。即使内心稳定，也总会有一些苦恼或困难，或者是小麻烦或大灾难，都可能让我们的心理韧性失去平衡，变得脆弱或激动，有时很快就能恢复，有时则需要很久。

接下来的身体智能练习可以强化你的社会参与系统，让神经系统处于安全状态，即使事情看起来并不顺利，你的内心也会保持坚强，安慰自己"我很好，没关系，一切都会好起来"。这些练习会帮助你恢复心理韧性，找到继续努力改变现状的资源。

加州大学伯克利分校（University of California, Berkeley）至善研究中心（Greater Good Science Center）的创始人达契尔·克特纳（Dacher Keltner）曾说，神经系统得到放松的最快方法就是温暖、安全的触摸。这是同情、关爱和感激的最直接表达，是人与人之间表达善意的最有效途径。温暖安心的触摸会促进释放催产素，这是一种能激发安全感和信任感的激素，是大脑应对压力荷尔蒙皮质醇（stress hormone cortisol）最有效也最快速的解药。

👉 练习2-4：拥抱

一个温暖的拥抱对我们来说可能不是什么新鲜事，但有时我们却会忘了这是抚慰我们紧张神经的一剂良药。

1. 找出生活中那些让你觉得抱起来很舒服的人或宠物，与他们进行一次拥抱（我就经常爱抚邻居的狗）。
2. 全身拥抱超过20秒，也就是大约3次呼吸的时间，会让拥抱者双方都释放足够的催产素，激活彼此的安全感和信任感，在互相安慰的过程中营造出归属感的纽带。
3. 不断重复这个过程，尽可能多地拥抱不同的人或宠物，只要你觉得舒服。

拥抱对神经系统来说也是一种"小幅多频"的练习。每拥抱一次，你就会以更放松和更投入的状态度过人生的每一天。可以说，拥抱是一种最愉快的加强社交参与系统神经通路的方式。

神经细胞是心脏结构的一部分。温暖、安全的触摸会激活这些神经元，身体也会感受到社交参与系统带来的舒适能量。

👉 练习2-5：让心中充满活力

1. 找一个让你觉得安全、信赖的人坐在你身边。
2. 把你的手放在心口，请对方轻轻地把他的手放在你背部中间，与你放在胸前的手同高，感受你与对方之间的奇妙连接。哪怕是落单的时候，你也可以练习，坐在结实的沙发或椅子上，背靠着靠垫，回忆与他人连接的感觉，体验这种能量转换。
3. 轻柔地呼吸，慢慢体会吸气和呼气的过程，感受躯干中央传来的稳定能量，体会积极社会参与系统释放出的放松和舒适。
4. 喜欢的话，你可以在一两分钟后和你的搭档交换角色。

社会参与系统以非语言方式工作。即使不用语言表达，温暖、安全的触摸也可以传递安全信号，让神经系统恢复平静。

👉 **练习 2-6：心灵抚触**

这个练习十分有效，可以在 1 分钟内平息恐慌。

1. 把手按在心脏上。缓缓地深呼吸，让气息停留在你的心脏区域，静静感受心中那种轻松、安全或美好的感觉。

2. 回想一个瞬间，一个你感到安全、被关爱、被疼惜的瞬间。不要试图回忆整个过程，只截取那一瞬间就好。这一刻可能来自伴侣、子女、朋友、治疗师、老师，也可能是一个精神人物，或者是和宠物在一起的美好时刻也一样管用。

3. 当你回想起这一安全、被关爱、被疼惜的时刻，放松身心，全然投入到这种感觉中，让这些感觉流遍全身，专心体会 20 到 30 秒，让这种内心深处的安定感和安全感继续发酵，越加浓烈。

4. 刚开始的时候，可以每天多次重复这个过程，以强化这种模式的神经回路。之后就可以在任何需要的时候来练习。

那些安全、被关爱和被疼惜的记忆会激活社交迷走神经，让你确信你是安全、有归属、被接纳的，这时你的血压降低，心率稳定。这就是所谓的内心安全感，这种安全感来自与他人的和谐关系和归属感觉，即使独自一人的时候，也心安如常。

当然，每当与信任和安全的人在一起时，你都可以体验到这种亲密感和归属感，会产生这种"安心又亲密"的感受。想起这样的时刻，就可以激活释放催产素。我建议，在受到惊吓或惶恐不安时马上进行这个练习，会快速平复消极情绪，而不是任由其将你淹没。至少，每天可以练习 5 次，持续一周就可以训练你的大脑在面对困境时产生新的反应，这将成为你随时可用的情绪稳定器。

👉 **练习 2-7：享受与人沟通的时刻**

注意：即使在你面临巨大的麻烦或悲剧时，这个练习也非常有效。

1. 找一个值得信赖的朋友（或治疗师）。和他面对面坐下来，保持舒适的身体距离，坦诚地看着彼此，友好地微笑。

2. 将你对对方善意的关心通过面部表情表达出来。同时，从对方喜悦的神情中，体会他对自己也持有同样的关怀与在乎。
3. 在这种眼神交接中享受放松的感觉。花半分钟的时间专注于这次体验，让这种交融之感在心中加深，体会身心的轻松和愉悦。

这是一种神经运动，利用腹侧迷走神经通路，在大脑中产生安全感，从而恢复心理韧性。这种对人际关系的满意感会让大脑有时间将舒适的体验转化为积极的情感资源。

第三级：应对生命不可承受之痛

有时候，生活会无情地给你重击。有一句日本谚语，叫"跌倒七次，要爬起来八次"，听起来鼓舞人心，但要从一次挫折、一连串打击甚至改变一生的创伤中再次站起来，其实十分不易。你从船上被甩到汪洋大海之中，凭借一己之力很难获救，这时就必须依靠他人的帮助。加强和使用你的社交参与系统，在与他人的积极交往中寻找庇护和资源，这是特别重要的生活指南。

👉 **练习 2-8：感受二人间的平静时光**

每一次呼吸循环都会舒缓地调节你的社交迷走神经。吸气时，交感神经系统启动，激起社交活动的热情；呼气时，副交感神经系发挥作用，唤起内心的幸福感。在这个练习中，请将自己的呼吸与对方的呼吸同步，增加练习中的互动性。

1. 让你的伙伴舒服地躺在地板上，闭上眼睛。你也找一个舒服的姿势坐在他身边。此时此刻，你只专注于与这个人在一起，产生一种只有你们二人存在的连接感。
2. 将一只手放在伙伴的手上或小臂上，另一只手轻抚他的头顶，让他慢慢地深呼吸。
3. 开始将你的呼吸调整到与他同步，一起呼吸 2 到 3 分钟，感受吐纳之气进入和离开你们身体时的能量。
4. 2 到 3 分钟后，你和伙伴可以交换角色。

反复练习可以加强你的社交参与系统，你会更容易与人共情，享受两人间的平静时光。

当你与有类似遭遇的人建立联系时，你会心下安定，获得新的力量。因为这些人和你同舟共济，或者同病相怜。你意识到，跌入困境并不是个别现象。"这很正常。我并不孤单。"

👉 **练习 2-9：加入或成立一个互助小组**

1. 在你家附近寻找一个专门为那些和你有过一样或类似创伤的人提供帮助的组织，比如一个为癌症患者、阿尔茨海默氏症护理者，为因暴力、疾病或自然灾害失去孩子的父母提供帮助的互助小组。因为有着同样或类似的经历，你们之间无须任何言语、任何剖白，你就可以从他们那里获得支持、鼓励，找到有价值的参考。用 TED 演讲人布琳·布朗（Brené Brown）的话来说，这些人"更具备倾听你故事的权利"。和让自己安心的人在一起能强化我们的社交迷走神经，你们在互相支持的同时，也在帮助彼此调节情绪。

2. 如果周围没有这样的组织，可以考虑自己成立一个。我朋友的母亲，在 84 岁时失去了陪伴她 62 年的丈夫，随后她搬进一所老年公寓。在那里她倡导成立了一个专为丧偶的老年女性提供心理安慰的新团体。她们分享彼此的故事，提供有力的心理支持，使人生经历变故的过程不再那么痛苦。

经过几十年的努力，行为科学研究已经证实了互助小组的有效性。然而，接触更多的人无疑是一种建立新制约的大规模体验，我们也要应用"小幅多频"原则。可以先请朋友推荐，会比较容易找到一个合适的团体。不妨先去感受一次，看看这种方式是否适合你。第一次参加一个新团体活动时，最好带上一个朋友。如果这对你有效，请继续参加。如果不喜欢，就尝试找一个人聊聊，以缓解心理压力。

重新制约

不管什么情况下，变换身体姿势都会改变你的生理机能。而生理机能的改变，也会改变自主神经系统的活动和状态。这种变化可以通过一个例子来说明：你把铅笔放在鼻子和上唇之间,这个动作需要你的面部肌肉做出稍微皱眉收紧的动作才能完成;再把铅笔放在牙齿之间,这就需要你的肌肉做出微笑动作才能咬住它。体会肌肉收缩时和微笑时两者之间的变化,你可以学会从生理上的转变中感悟到你内心状态的转变。(感谢丹·西格尔教授分享这个练习。)你可以利用这种重新制约——将正反两方面的身体运动并置的方法,这是强健心理韧性的生理基础。在这个过程中,你甚至可以有效调节身体状态。

第一级:应对小风浪

下面的练习方法虽简单,效果却很好。建议反复练习,可以在大脑中形成新的神经回路。

👉 练习 2-10:纵享叹息时刻

享受叹息的轻松:深深地、长长地呼气,释放身体的紧张。一声(或几声)长叹是身体自发重置神经系统的方式。你可以练习在任何感受到压力的时刻做出这个反应,即使眼下一团糟,也可以先让自己故意长吁一口气来将身体调整为放松的状态。

哪怕大敌当前,若是身体里紧张和放松的博弈中让放松感占据上风时,迷走神经的"肌肉"会被进一步点燃,使你从容不迫,保持平静。

👉 练习 2-11:渐进式肌肉放松

我们的身体不能同时激活交感神经系统和副交感神经系统,也就是无法一边紧张一边放松。渐进式肌肉放松可以启动副交感神经,帮助你一步一步放松整个身体。以下步骤可以从脚到头来操作,当然,从头到脚也行。整个练习大约需要 7 到 10 分钟,躺着或坐着都可以完成。

1. 首先勾起右脚脚趾,保持紧绷状态数到 7。然后放松,展开脚趾数到 15。再像刚才一样勾起你的右脚掌,保持收紧数到 7。再放松伸展脚掌数到 15。最后绷起你的脚面,用力向小腿收紧,数到 7,再放松整个右脚数到 15。紧张时数到 7,放松时数到 15,是为了确保放松时间比紧张时间长。这是重新制约的一个步骤。计数还可以防止大脑陷入默认网络模式的焦虑和沉思习惯。收紧状态时吸气,放松状态时呼气,可以激活副交感神经,而不是交感神经，使你的身体更加松弛。

2. 依次收紧和放松各个身体部位，在收紧的时候吸气，数到 7，放松的时候呼气，数到 15。收紧和放松你的右小腿、右大腿、右髋和右臀。然后收紧和放松你的左脚趾、左脚、左小腿、左大腿、左髋和左臀。继续收紧和放松你的躯干、骨盆、腹部、肋骨和脊柱周围的肌肉。收紧和放松双手手指、手掌、手腕、前臂、肘部、上臂、肩膀和脖子。最后收紧和放松面部——下巴、喉咙、嘴唇、脸颊、耳朵、眼睛、鼻子和前额。

3. 长舒一口气，结束这个练习，放松休息 1 分钟。

你可以在晚上做这个练习，这对良好的睡眠很有益处。

👉 **练习 2-12：瑜伽——婴儿式**

大部分瑜伽练习者最喜欢的恢复体式之一就是婴儿式。经过 45 到 90 分钟的课程，练习各种不同的体式和呼吸法之后，练习者需要休息几分钟，将刚才的身体活动调整到一个平静、连贯的松弛状态，来滋养大脑，放松身心。即使你从未上过瑜伽课，也可以用这个姿势让自己放松。

1. 站在瑜伽垫、地毯或其他软垫上。
2. 四肢着地，用双手和膝盖支撑身体，就像一张桌子。
3. 身体向后坐，臀部放在脚跟上（也可以在臀部和脚跟之间放一个垫子，这样可能会感觉更舒服）。手臂自然前伸，前额轻触地面（或垫子）。
4. 放松，保持这个姿势休息 2 到 3 分钟，轻柔地呼吸，让注意力都集中在身体的放松感觉上。

你可以在任何运动或一天的辛劳后练习。感受身体的放松，有助于更好地抵御压力，恢复心理韧性。

第二级：应对困顿和心痛，悲伤和挣扎

经历痛苦或灾难时，你的身体会自然紧绷起来，而这种紧绷感恰恰是破坏幸福感的因素之一。以下练习会让你在感到紧张之后，还能寻回像拥抱自然一般的轻松和愉悦，进而改善你的身心状态。

👉 **练习 2-13：温柔地感知身体**

这项练习最初是美国马萨诸塞大学医学院的乔恩·卡巴-金（Jon Kabat-Zinn）博士基于正念减压疗法的核心实践设计而成，旨在帮助患者更好地缓解压力、减轻慢性疼痛。有条件的话，最好在户外或者赏心悦目的大自然中练习。研究表明，即使是在自然景观中逗留十分钟也能让身体放松，进而改善认知功能。

1. 找一张床、一块地毯，或者户外的绒毯、瑜伽垫或软垫，舒适地躺下来。让你的后脑勺、肩膀、背部、臀部、后腿和脚后跟接触地面。放松身体，卸下身体的力量，完全把重量交给地面。自然、轻柔地深呼吸。

2. 先把你的意识集中到脚上。向右脚的大脚趾问好，倾听脚趾的疼痛，轻轻地呼吸，让气息缓解脚趾的紧张，给予它温柔与关怀，让它感到舒适和轻松。再向你右脚的所有脚趾、足弓、脚踝和脚跟问好，仔细留意脚部每个部位的感觉，让呼吸的舒适感传递到每个部位。

3. 慢慢地把注意力转移到你的左脚，以及身体的每一个部位，包括躯干、双手和手臂，面部和头部的每一个部位，耳朵、眼睛、鼻子、嘴巴，还有头发，以及颅骨内的非凡大脑，让你的思想保持专注、富于同情、平和稳定，依次对全身重复刚才的过程。

4. 当你感知自己的身体时，对身体任何需要放松的部位都要富于同情心地关怀和接纳。假如你有关节炎，或是陈旧的运动伤，你就可以在这些部位放慢速度，贴心地关注，对每个关节进行心怀怜悯的护理。身体感知可以帮助你慈悲地善待自己的身体，感知到每一个部位的确切体验。

5. 试着对腹部、生殖器、心脏、喉咙和下巴表达出特别的关爱和留心，因为这些部位可能会无意识地保存紧张、羞愧、愤怒或恐惧的躯体记忆。现在，让同情和接纳伴随吸气停留在这些地方，再用呼气带走一切痛苦、难堪的感觉或记忆。认真地和这些部位打个招呼！倾听身体或心理上的疼痛和凄苦，用关怀和安慰的情绪抚平身体里的任何烦恼。

6. 练习结束时，感知身体是一个完整的能量场——全身沉浸在平静、鲜活、放松、包容的氛围中，自在地呼吸。

通过这个练习，你对自己的身体产生了更深的认知和接纳。今后，如果你需要处理任何令人不安的身体感觉或记忆，这种温和的身体感知会为你创造一个安全、轻松的环境，帮你消除恐慌和紧张的情绪。

👉 **练习 2–14：森林沐浴**

> 我走进大自然，安抚和治疗受创的心灵，并且再一次地拾回我对美好事物的感觉。
>
> ——约翰·巴勒斯（John Burroughs），《自然主义文学研究》（*Studies in Nature and Literature*）

随着现代城市生活中压力水平上升，人们将目光重新聚焦于大自然的治愈作用，科学研究也已经证明，沉浸于大自然会增加我们的直觉智慧，对放松身心十分有效。

1. 找一个有很多绿植的森林或公园，在里面散步 30 到 90 分钟。根据《自然修复》（*The Nature Fix*）一书的作者弗洛伦斯·威廉姆斯（Florence Williams）的说法，较长时间拥抱大自然会对大脑产生更积极的影响。你可以一个人散步，也可以和朋友或一群人一起。但安静地散步更有助于大脑恢复平静，因为大脑接收处理信息的刺激越少，越有利于它得到更多的休息和恢复。

2. 一开始先慢慢地走，沐浴在 5 种感官接收到的愉悦氛围中：
   - 看看叶子的形状，不同树木的造型，欣赏天空中的流云；
   - 闻闻松针、新鲜的空气或潮湿的泥土散发出的芬芳；
   - 听听鸟儿的鸣叫和微风的细语，还有附近溪流里的潺潺水声；
   - 摸摸树枝上的苔藓，岩石上的地衣，沙土或脚下的鹅卵石；
   - 尝尝林中的野生浆果（如果可食用的话）。

3. 继续放慢脚步，减缓呼吸，偶尔停下来静静地伫立，观察四周的光影变化、风起云动，默默感受你内心的变化，感受能量逐渐聚集，情绪平和好转。

4. 散步结束时，花点时间回顾一下整个体验，尤其是关注身体感受的变化。

这项练习可以有效降低血压和皮质醇水平。芬兰的研究人员发现，每个月在大自然中沐浴 5 个小时（每天大约 10 分钟，或每周 2—3 次，每次 30 分钟），足以对身心健康产生长久的积极影响。

第三级：应对生命不可承受之痛

在悲剧中寻找积极的体验似乎有违常理，但是，在消极经历中发掘出积极体验，是心理恢复和所有创伤治疗能够取得成功的基础。这对于危机应对、创伤治疗、学习成长都必不可少。想要解除旧制约，关键是永远不要否认、推开、无视或忘记正在发生的事情。当事态严重甚至失控的时候，即使是最微小的积极体验，也有助于将大脑从收缩、紧绷和沉思中跳脱出来，得到更广阔的视角，来寻求可能的转机。

👉 练习 2-15：巧妙分散注意力

1. 即使是在人生的至暗时刻，也要寻找积极的体验，尤其是身体上的舒缓之感，这会帮助你通过改变生理状态来改变心理状态。这些轻松和安慰可能源于啜饮一杯温暖的咖啡，感受凉爽的微风吹拂你的皮肤，和朋友相视一笑，在大自然中散步，与小动物玩耍，等等。让这种愉悦的感觉在你的意识中落地生根，变成坚不可摧的避风港。利用"小幅多频"的方法收集这些积极体验，相信即使是短暂的松弛也能立即让你的情绪好转。

2. 当挫折来临，你的思绪、感觉或情绪调节显得力不从心时，可以暂时转移注意力，回避当下的麻烦。我要强调一下，调节的重点并不是要逃避到或否认现实，而是有意识地暂时切换到另一种频道。试试去看一个喜欢的电视节目，做一顿美餐，去游泳、骑自行车、跳舞，或去健身房锻炼。让你的思绪和心灵得到短暂的喘息：大可不必为此自责，这是基本且必需的自我同情。

有意识地转移注意力可以让你暂时摆脱眼前的困境和考验。放松之后，你仍然需要重新面对这些挫折和痛苦，但你能得到机会充一下电，重整旗鼓以利再战。

👉 **练习 2-16：钟摆练习——在紧张和放松之间切换**

这项练习要有意地把消极和积极的身体状态放在一起（但是会确保积极状态能战胜消极状态，这样才安全），以此修正身体里的痛苦记忆。

1. 找出身体里潜藏着不舒服的地方，比如某个部分深埋着关于创伤的躯体记忆，或是一些难受或疼痛的感觉。关注某些部位细微的不适，比如胃部翻腾，牙齿打战，后背或肩膀紧绷，等等。
2. 再找一个身体上完全没有任何不适或创伤的地方，比如肘部或大脚趾，感觉"容纳之窗"在身体上发挥出平静、放松和自在的作用。如果目前正赶上身体不舒服，要找到这样的部位可能会很难。如果能找到，将注意力集中在该部位，心平气和地感受舒适和放松的感觉。
3. 现在，有意识地将注意力在身体上舒适轻松的感觉和受伤疼痛的感觉之间来回切换。关注到每一种感觉时，持续半分钟到 1 分钟。对于那些不愉快的感受，要在自己能够承受、保证不被痛苦吞噬的情况下进行练习，对其关注的程度和时间都可以酌情减少。
4. 在愉悦和不适的感觉之间反复切换几轮，逐渐增加专注于愉悦体验的时间，同时感受不适的感觉是否也逐渐好转或消退。
5. 如果感觉不适的程度似乎有所减弱，暂停一下，反思整个过程，留意自己身体上的改变。

这个练习叫作"钟摆练习"，是因为当身体在这两种不同的感觉之间切换时，就类似于时钟的钟摆来回摇荡。钟摆练习是一种很好的方法，可以安全地通过身体感觉来修复创伤记忆。小幅多频地进行这个练习，效果可能事半功倍，也可能一劳永逸。

解除旧制约

解除旧制约会让大脑得到放松，神经系统处于平衡状态时，自然会觉得周遭空间广阔。在这种舒适状态下，大脑更为活跃，容易产生新的见解和新的智慧。

第一级：应对小风浪

大脑中足足有 1/4 的空间用于枕叶（occipital lobe）的视觉处理。研究人员发现，当我们回忆或想象一根香蕉时，视觉皮层中的神经元会像生活中确实看到一根香蕉时一样点亮。这意味着视觉记忆和想象场景对大脑来说可以像实际观察一样真实。你可以利用回想、想象和实际的观察，建立平衡稳定的神经回路，为内心创造一个安全营垒。

👉 练习2-17：腹部植物学

几年前，我在约塞米蒂国家公园（Yosemite National Park）的穷乡僻壤徒步旅行时，遇到一名护林员和几个徒步者，他们趴在地上，脸颊朝下，距离地面仅15厘米左右，每个人都全神贯注地观察眼前大约1平方英尺的地面。护林员称这是一次5分钟的"腹部植物学"练习。你几乎可以在任何地方练习腹部植物学，将视野在小与大之间转换，感受自己于自我眼界之巨大，于大千世界之渺小。

1. 在你最喜欢的海滩、草地、森林、自家后院或城市公园里找一块1平方英尺的空地（只要是方便躺下，又很安全的地方就可以）。让自己舒服地趴下，这样你的目光可以在离地15厘米的高度聚焦在眼前的地面上。

2. 聚精会神于当下，把注意力从对自己境遇的担忧中转移出来，专注于眼前发生的事情。观察地上的泥土或沙子，植物和虫子，欣赏一切细小的活动和休整，体会微妙的光影变化。关注事物之间的关系，留意颜色和形状的和谐，审视方寸之间有什么不同寻常的东西。在眼前的土地上，弹丸之地也上演着生存和死亡、杀戮和顽强，这些细节都值得咀嚼品味。仔细观察2分钟左右就可以。

3. 2分钟后，站起身来，重新将注意力集中在周围更广阔的视野。欣赏目光所及的树木、山丘和建筑物的景象，以大视角观察周围两分钟或更长时间。同样关注一切活动或静止的事物，观赏光影的变幻，体会事物之间的联系，颜色与形状的搭配，看看周围有什么值得留意的东西，用大视角去体验生命和告别、侵略和荣光的情绪感受。

4. 你可以随心所欲地在这些微观和宏观视野之间来回切换，让思维在细小与巨大的对比中停留2分钟或以上。

5. 将意识回归到神经系统，体验内心生发出的对世界和自然的敬畏感，体会心中对自己和世界关系的新认知，感受丰盈的满足感和幸福感。

反复改变视角还可以帮你在大脑中建立起反应灵活性的有力"肌肉"。

👉 练习 2-18：关于美景的幸福记忆

这个练习可以为大脑植入一种优越的记忆资源，让你受用终生。

1. 去一个让你感到平静与安慰的地方，或者让你鼓起勇气、振作起来的地方。
2. 花 30 秒或更长的时间凝视周围的自然景物，将这个画面铭记于心。
3. 留在原地，练习在你的脑海中反复唤起这个画面。
4. 离开以后，试着再回想一下这个画面。你可以尽量多次重温你那令人宽慰或振奋的景象来强化这种体验，通过数次回忆，让它成为你大脑中可靠的资源，这样就达到了练习的目的。
5. 当你遇到困难、心中慌乱时，记得从脑海中唤起这个画面。（如果你愿意，还可以把手放在心口上。）如此一来，你会找到这种舒缓安慰或情绪振奋的感觉，来帮助你保持冷静。

当然，你还可以创建一个完整的储蓄幸福风景的记忆库，这些资源就像温柔和善的手，轻抚你的心灵，帮助你在陷入逆境时恢复心理韧性。

👉 练习 2-19：建造心中的安全营垒

这个练习利用想象和大脑的神经可塑性来建造一个可靠的心灵避难所和应对困难的资源库。

1. 找个地方舒适坐着，保持安静。准备好以后，想象自己站在一扇门前。在想象中对门的高度、宽度、厚度、材质和颜色做出具体感知，让这扇门在你的脑海里尽可能真实。
2. 想象自己推开门，走进另一片天地。想象眼前的景致，也许有一条幽静的小路、一条蜿蜒的回廊或一条清新的甬道，把你带到一个非常特别的地方，那是只属于你自己的安全领地。
3. 沿着小路往前走，一边走一边留意所见、所听、所闻，以及正在体验的一切美妙感受。
4. 走了一会儿，你来到一个私密又安全的地方。可能是一片林荫草地，一间温馨小屋，家里你最喜欢的房间，花园庭院，或者和朋友去过的咖啡厅里的一张桌子——任何一个对你来说很特别的地方都可以，让自己安心走进去就好。

5. 花点时间四处看看：记住所有能让你感到安全和舒适的东西。放松心情，享受在这里的幸福时光，体会你的安全营垒带给你的自信和力量。
6. 如果你愿意，找个地方坐下。在这个空间里可以自由添加任何能让你感觉更安全、更放松的东西，也可以删除你不想要的东西，你可以随心所欲改变这一切。然后彻底放松下来，沉醉地享受属于你自己的安全堡垒。有了这个安全领地存在，你会感到放心且欣慰，在这里你随时都能找回安全感。
7. 要离开的时候，想象自己站起来，对你的安全营垒表达谢意，然后顺着来时的路回去，走出去后转身关上大门。虽然，你和那个安全区有一门之隔，但你知道自己随时都可以回到那里。
8. 在日常生活中没有压力感的时候可以经常练习，唤醒这个安全营垒，以备在日后生活弥漫硝烟的时刻，你可以启用它。这是你利用大脑的神经可塑性创造出的一种全新、可靠的心理资源，它能够让你找到依靠。

你的安全营垒可能会随着时间的推移而发生改变，这是自然而然的过程。通过这个练习，大脑将学会创造安全营垒的方法，在任何你需要的时候，帮助你渡过难关。

第二级：应对困顿和心痛，悲伤和挣扎

我父亲80岁时突发严重中风，出院之后必须到康复中心去接受专业护理。那时我的焦虑程度飙升，高阶大脑陷入一片混沌。我的禅修老师豪伊·科恩（Howie Cohn）建议我干脆先休息一下，什么都不要做，就平静地躺在床上，让身体的感觉浮出水面，停留在意识层里，但不要去思考这些感觉的背景和来源。他还告诉我，不要为这些感觉贴上恐惧、惊慌或害怕的标签，就只是让这些感觉自然地流露出来即可。它们可能是不适的，慌乱的或可怕的，此时此刻，你只是感觉到它们而已，并不会给你造成什么麻烦。

我在练习时，可能感觉到胸口烦闷、心脏收缩、牙关绷紧，但不要试图改变或修复这些感觉。我只需要专注于体验，在感官体验中为这些情绪创造转移和改变的空间。这个练习并不能解决我父亲的健康问题，它只是帮助我调整状态，避免把父亲的紧急情况演变成我自己的紧急情况。通过练习，我可以恢复到正常状态，在理智的情况下做出应对。

👉 **练习 2-20：软化、抚慰、接纳**

这个练习可以帮助你进入一种开阔的觉知，让你有能力看清那些扰乱你神经系统的东西，你只需要静静地在那里坐一会儿，让这些负面影响自动消退。

1. 找一个舒适的位置，坐好或躺好。轻轻闭上眼睛，放松，呼吸3次。身体的舒适对于应对疼痛感或失落感十分有帮助。

2. 把手放在心口，思想回到当下，告诉自己此刻十分安全，自己也值得被善待。

3. 在这种开阔的意识中，找出那些可能会破坏你内心平衡和安逸的情况，让你的意识观照到它们。

4. 专注并铭记这些情况引发的情绪——可能是恐惧、愤怒、悲伤、孤独或羞耻，等等。

5. 把意识完全集中在这些问题触发的感觉上，暂时放下其他情绪，只体会眼下，专注于你对这些感受的体验。你可以用温暖、轻柔、理解的声音说出这些感觉，就像是在给你亲密的朋友讲一个舒缓的故事："这里是紧张""这里是压抑""这里就是疼痛"。

6. 将意识扩展开，从头扫描整个身体，寻找你最能感觉到这些困扰的地方。找出一个不适感最强烈的地方，比如是肌肉紧张酸胀的痛点，将意识缓缓集中到那里。

7. 现在让此处感觉不舒服的肌肉软化，就像在给疼痛的肌肉加热一样，让它温暖、软化、再软化。我们并不是想让这些不适感马上消失，而是把疼痛的地方裹在一个温柔的怀抱里，让它舒服起来。

8. 如果不适感仍然存在，甚至更加强烈，那么将你的意识带回到呼吸上来。当你感觉平缓一些的时候，可以再试一次。如果这种方法开始奏效，你可以尝试先在不适感的边缘进行软化，而不是一开始就直面最突出的痛点。

9. 在与这些问题周旋时，别忘了给自己一些温暖的安慰，舒缓博弈的紧张。"唔，我知道这很难，真的很不好受。但愿我能从此善待自己，一切都会好起来。眼下我要面对这些感觉，接受这些真实存在的伤痛，用关爱之心拥抱它们。"这就是我们抚慰身心的过程。

10. 我们要接纳不舒服的感觉存在。请放下让不适感彻底消失的奢望。让不适感来去自如，就像家里的客人一样，这种感觉会不定期地造访，也终会离去。接纳……接纳……接纳的力量比拒绝更大。

11. 软化，抚慰，接纳。像吟诵咒语一样重复这些话，用一种更广阔的胸襟包容身体的不舒服。

当你允许身体的不适感存在，并带着放松的善意和好奇心接受它们、体验它们时，所有紧张或压迫的感觉都会自行缓解，最终逐渐消失。

👉 练习 2-21：聚焦（改编自安·韦瑟·康奈尔的一项练习）

聚焦是一个以温和、接纳的态度倾听身体信号的过程，也是倾听内心声音的过程。

1. 找一个舒适的地方坐下，保证在 20 分钟内不会被打扰最好。可以闭上眼睛，找一个靠垫，让你能保持一个舒服的姿势。

2. 聚焦眼下，花点时间去感知你的全身。你会感受到你的双手和指尖触及的东西，还有你的双脚和趾尖触及的东西。感觉你的身体，体验靠在垫子上的柔软感觉。放松，让垫子支撑你身体的重量。感受呼吸的气息。

3. 慢慢让你的意识向身体内聚焦，集中在喉咙、胸部、腰部和腹部等部位，让意识到达并停留在那里。

4. 现在默默问自己："我的身体和生活中，有没有什么地方感觉不舒服、不对劲，或者不满意？"安静地体会身体的回应。如果答案是否定的，你的感觉很美妙，那就安心享受这种幸福之感吧。

5. 最有可能的情况是，你得到身体的回应，表示确实感到生活中有些事情不太对劲，什么都有可能，比如有一段悲伤的记忆或故事浮现在你的意识中。不要去管它，只要让身体的感觉继续聚焦。这通常需要一点时间，因为身体的反应比大脑的慢。

6. 当你开始有感觉时，对自己说："我感觉到了。"然后用语言描述你的感觉，承认它的存在，让它知道你能感受到它、体会到它。不必尝试改变这种感觉，让它在你身体里停留一段时间，同时，对任何进入你意识的东西敞开心扉，比如影像、念头或其他感觉，用宽容的态度接受它们。

7. 感受身体是否有变化。也许没有，但也没关系。平静片刻，就可以结束这个练习。慢慢回想，对身体表达感激之情，把意识带回周围的环境中。一切就绪后，睁开眼睛。
8. 可以把你感知到的东西和体会到的变化写下来。

身体的感觉不仅传达了你现在生活中重要的信息，也可以指引你梦想生活的新方向。新的回应会催生新的选择。

第三级：应对生命不可承受之痛

本章的练习，旨在改变你的神经系统状态，使你回到一个更平衡的身体感觉。这些练习需要你付出主动的努力去配合，才能收到较好的效果。这个过程里，你要让自己从现实的困境中完全脱离，拔掉自己与世界的连接线，从疲于应付或不得不接手的麻烦中休息一下。有时候，适当地抽离也是另一种明智的努力。发挥默认网络模式和副交感神经系（即"休息和消化"）的积极作用，让身体放松下来，减缓或者消除痛苦。这个过程就像躲在防空洞里，只是静静地躺着，什么也不用做，你就能从一场狂轰滥炸中得到庇护，以此来作为一种充电方式，得到力量继续前进。

👉 练习 2-22：寻求庇护

1. 每天留出 3 到 4 个小时，让其他人来处理眼下的麻烦，保证自己的休息。
2. 找一个你觉得安全、舒适、不会被打扰的地方，可以是你的床、浴室、客厅，也可以到乡间的小路散步，到公园的长椅上发呆，或者坐在山顶俯瞰大海。
3. 关掉所有与外界保持联系的电子设备。在家的时候可以暂时把手机和电脑放在另一个房间，外出的时候可以把它们放在家里。
4. 让头脑清空一切忧虑、责任和义务。这并不容易，但要鼓励自己尽可能地放手。如果你愿意的话，可以在休息期间出去散散步，如果只想在家里窝着，也没什么不可以。只要放空自己，让意识沉浸在愉悦和简单的感受中。告诉自己，无论如何你还活着，还能畅快地呼吸，生活一切如常，小狗已经遛过了，在你休息的时候，它也在舒服地小睡。人生总有些跌宕起伏，我们不能让持续的重负将我们压倒。多发觉身边的美好，记住愉快的感觉：可能是窝在沙发里的舒适，独自在家时的恬静，也可能只是新鲜空气的芳香。(你可能会发现自己在这些难得的避难时刻睡着了，而睡眠正是你眼下最需要的。小憩之后，思考一下，是感觉恢复了活力，还是仍然不知所措。采取这种方式寻求庇护是为了给自己寻找喘息的机会，找到新的能量去面对生活中的磨难。)

5. 3、4个小时之后，可能你还不想离开这种避难的状态，回到你必须面对的麻烦上。别担心，经过这次休整，你会用更轻松、更冷静的心态面对它。这种解除旧制约的练习甚至会带来新的灵感，激发出潜在而有效的手段来应付困境。

如果有可能，请尽量多地放松一下。虽然这并不能让你从烦恼中完全解脱出来，但是放空一下总比长期紧绷好得多。通过这样的练习，神经系统会得到修复，重新注入能量，恢复应对能力，重塑你的心理韧性。

这一章提供了许多练习，可以通过呼吸、触觉、运动、社交参与和想象来提升身体智能，从而有效改善大脑应对各种挑战或压力的能力。有了更好的心理弹性，你就会更自如地选择如何面对生活中的磨难。

当你采取"小幅多频"的方式进行这些以身体为基础的练习时，就会加强神经通路，你会感到安全、专注、踏实和放松。这些感觉会促进神经可塑性，使大脑更加善于学习、勇于尝试、反应灵活、不惧风险。

提升身体智能，可以实现内在的心理平衡，这是锻炼其他更为复杂智能（情绪智能、人际智能和反思智能）的基础。

03

第三章
情绪智能练习

自我同情、正念共情、积极心态、心智理论

> 善良比智慧重要，承认这一点，才是智慧的开始。
> ——西奥多·鲁宾（Theodore Rubin）

生活中，我们的心态总是起起伏伏，每时每刻都在体验这样或那样的情绪。除非我们患有抑郁症，就不会经历情绪的波动。抑郁症的显著特征之一就是完全屏蔽了情绪变化的信号，导致内心毫无波澜。正常状态下，看到日出时，我们会升起希望、喜悦满盈；交通堵塞时，我们会焦灼烦躁、火冒三丈；同事剽窃了我们的创意时，我们会满怀委屈、气愤难当；爱人或孩子面临生死考验时，我们会惊慌失措、悲伤绝望。不管我们是否喜欢、是否相信这些情绪，也不管我们是否知道该如何应对它们，情绪总是会略过我们的认知，引导（有时也是误导）我们对当下的情形产生反应。因此，情绪在我们的心理复原方面起着不可或缺的作用。学会管理情绪，而不是受到情绪支配，正是本章情商练习的重点。

有时，我们难免会觉得情绪糟糕或不知道如何平复，这会让我们心生沮丧，其实这都十分正常。然而，在本书中，我们整合了25年来神经科学研究和行为科学研究的成果，来彻底改变我们对情绪是什么以及如何处理情绪的思考。接下来我们先介绍一些与增强心理韧性相关的最新发现。

1. 情绪是行动的信号

情绪是一种身体传递给大脑的感觉，以提醒大脑留意某件事。无论是初涉爱河的心动羞涩，还是失去挚爱的锥心疼痛，这种情绪本身就是信号："请大脑注意！这里发生了重要的事情！"

每一种情绪，即使是我们认为消极的、恐慌的或破坏性的情绪，都是行动的信号。情绪（emotion）这个词来自拉丁语emovere，意为行动或移动。我们发现所有的情绪都有与之相适的行动倾向。愤怒是面对世间不公、背叛或羞辱表达抗议的信号，通常是最先帮助我们摆脱羞愧或沮丧的催化剂。悲伤会让我们向外界寻求安慰和支持，或者反过来向别人提供同样的帮助。恐惧会提醒我们远离危险或有害的人或事物。正面意义的愧疚感，会让我们产生修复和弥补的动力。愉悦可以激起挑战和竞技的冲动，帮助我们突破极限和创造力。兴趣可以激发探索的欲望，开启新旅程、接受新体验，并在这个过程中扩展自我意识。欢笑给悲伤留出了喘息的空间。满足让我们懂得珍惜眼前、享受当下，即使生活并不够理想。

可以说，情绪是我们每一个行为的内驱力，因此它与心理韧性的发展紧密交织在一起。

2. 前额皮质是情绪的稳定器

前额皮质是情绪的稳定器，借助前额皮质的功能，你才能熟练地解读和管理各种情绪信号，并决定采取什么行动。前额皮质最重要的功能之一就是管理你的情绪，从轻微的情绪起伏到奔涌的情绪瀑布，都要通过前额皮质的调节，才能让你既不会过度亢奋，又不会封闭自我，这是一个与神经系统调节非常类似的过程。当大脑的自我调节能力正常运转时，我们就能够迅速恢复常态，保持良性的关注感、轻松感和幸福感，清楚地感知是什么原因诱发了情绪，并对这些诱因做出明智的反应，这是我们保持心理韧性的源泉。

我们都有过这样的体验：当情绪的洪流将我们淹没时，大脑仿佛失去了活力，脆弱又凌乱，我们无法正确思考，也无法正面应对问题。而试图压抑或隔离情绪也并不是明智的选择，这并不是心理韧性发挥作用的结果。一方面，这需要大量的身体和心理能量，倒不如把这些能量用在解决麻烦或沟通协作上。其次，当我们试图压抑或隔离任何特定情绪（最常见的情况是愤怒、悲伤和羞耻）时，往往最终的结果是把所有情绪，包括积极情绪，也统统抑制了。这可能会让我们情绪低落，感觉人生索然无味，失去做任何事情的动力。所以，我们要做的是管理好自己的情绪，而不是被情绪支配或淹没。

3. 过去的情感记忆会在当下引发强烈反应

通常我们很难判断情绪反应是基于现在还是过去的事件，因为情绪记忆，尤其是那些在幼儿时期形成的记忆，可能深深地埋藏在内隐（无意识）记忆中。当这些内隐记忆再次进入意识层时，并不带有时间标志，我们几乎感觉不到它们是过去的记忆。这些情绪感受十分真实，我们通常来不及分辨它的来源，也考虑不到是否需要处理，就会对其做出反应。（这种反应本身可能是一种惯性制约，隐藏在内隐或无意识记忆中。）

想想这样的情况：有些人可能会在第一次受挫时就马上放弃，还会找借口说，反正自己并不真的想要这份工作或与这个人交朋友。有些人敏感、易怒，遇到一点风吹草动就大发雷霆，即使知道自己不对，却总是明知故犯。还有人面对内心的渴望踌躇不前，不敢接受新挑战，其实并不是因为害羞，而是因为内心深处的记忆中存在被质疑和被轻视的创伤，却又不想让别人知道。

他们甚至自己也说不清为什么会这样。有时候就是这样，我们确切地知道自己在某些方面存在问题，而且也知道应该如何纠正，但往往落到实际行动的时候，发现自己还是无法按照预想去改变。我们的大脑中可能储存着一段又一段内隐记忆，让我们在当下对过去的伤害或错误做出同样的反应。本章中的练习包含了重建这些内隐记忆的方法，会引导你面对问题做出弹性的思考，改善仓促的行为。

4. 负面偏见扭曲我们的反应

对于我们个体乃至人类物种来说，数百万年的求生体验让我们的大脑进化出一种内在的消极偏见，我们对伤害和危险的记忆更为深刻，而不会太留意温暖和安全的经历。给我们留下深刻印象的也多是负面情绪的记忆，比如愤怒、孤独、尴尬，而不是正面的，比如敬畏心、满足感和宁静感，等等。我的朋友兼同事瑞克·汉森（Rick Hanson）曾说："消极情绪像钉子，积极情绪却像浮尘。"

这种对负面经历记忆犹新的倾向，最初是为了躲避危险而植入人类大脑，现在则是为了保护我们免受社交和情感上的打击，比如让我们时刻清醒，警惕那些我们赖以生存或相处甚欢之人拂袖而去的危险。这就可以解释，为什么哪怕你得到他人的高度赞誉，却还是会因为老板或爱人在会议或餐桌上的一句批评而黯然伤神。我们是社会性生物，我们的大脑具备社会性的特征，因此，消极偏见是大脑永远不可磨灭的偏好。

然而，我们并非无能为力，而是可以通过管理汹涌的负面情绪和有意识地培养积极情绪，来学习与消极偏好达成妥协，并利用这种特质在阴暗面中寻找光明。我们学会善良、感恩、慷慨、喜悦和敬畏，不仅仅是为了让自己的感觉更好，也是为了让人生更加顺畅。积极情绪会使大脑从消极偏见的收缩和紧张转变为接纳和开放，从而提升我们的反应灵活性。这些练习的直观结果就是心理韧性的增强。

5. 情绪是会传染的

按照情绪传染（emotional contagion）理论的说法，当我们对他人（或宠物）没有设防时，很容易接收到他（它）们的情绪信号。只要爱人或孩子一进家门，哪怕什么都没说，你就可以感觉到他们内心的沮丧。在商店里排队的时候，你甚至可以感觉到身边人的不耐烦或孤独，即使你自己并没有这种感觉。这是共情的神经学基础。一些进化心理学家（evolutionary psychologists）认为，正是数万年前部落成员之间共情和准确沟通的需要，才推动了语言的发展，人类高阶大脑皮层（意识）也得到了长足进化。成熟的心智理论有助于我们控制情绪的感染力，让我们分辨清楚情绪的来源，克制坏情绪传染，同时在亲密关系和社交环境中保持健康的边界感。

接下来，我要介绍4种主要的情绪智能练习。熟练掌握这些练习，我们就可以管理好自己的情绪，避免像过山车一样的剧烈情绪起伏，并对他人情绪做出巧妙回应。这些练习是本章提出的所有工具的基础。

4种保持情绪平衡的练习

正念自我同情

正念自我同情是由哈佛大学的克里斯·格默（Chris Germer）和得克萨斯大学奥斯汀分校的克里斯汀·内夫设计的课程，旨在让你觉察并接受自己的情绪，无论这些情绪是多么令人沮丧或疯狂，都是属于我们的一部分。在大脑的更深层次上，正念课程会让你意识到并接受所有情绪都来自我们自己。

生而为人，实在辛苦。我们在生活中奔忙，还时常被折磨得辗转反侧，甚至遍体鳞伤。毫无疑问，每个人都会不可避免地遭遇情绪低落，甚至失去人生方向。正念自我同情可以帮助我们认识到人人皆是如此，你并不是唯一一个被生活推搡过的人，你并不孤单。这是生活中非常重要、有时是必不可少的练习。它是正念共情的基础，而共情恰是另一种让你找回稳定情绪的方法。

正念共情

正念共情实际上包含3种技能——感知、调谐和理解。它让我们感知到自己和他人的情绪，提醒大脑注意，在传递重要信息之后自行消退，交由高阶大脑自由倾听，并采取明智的行动来回应。情绪虽然不能左右我们的生活，但在生活的演变过程中起到了举足轻重的作用。

积极心态

有意识地培养同情、感激、信任和其他积极的亲社会情绪，可以扭转诸如嫉妒、怨恨、后悔和敌意等消极情绪对神经系统和行为的影响。

这些练习可以让你的注意力从压力和担忧中转移出来。它们可以逆转焦虑、抑郁、习得性无助和孤独的影响，让你感到精神振奋、斗志昂扬，对万事充满希望。持续积累的积极情绪会激发你的好奇心和对事物的参与度，更乐观和有创造性地面对生活。良好的情绪会增强应对考验和灾难的能力，让我们敢于正面破解而不是逃避迁就，甚至可以抚平大脑中的创伤性记忆。

调动积极的亲社会情绪并不意味着要绕过或压抑阴暗、凄凉和痛苦的情绪，因为那些令人焦虑、悲伤和绝望的经历是非常真实、无法回避的。通过正念共情练习，我们可以觉察、掌控和管理这些情绪。我们可以积极培养正面的亲社会情绪，拓宽习惯性思维或行为模式，建立持久的、富有弹性的心理资源。这些方法包括增加社会联系、寻求社会支持，加深与他人的理解，以更广阔的胸襟看待事物，不断提升应对能力，助力自己突出重围，浴火重生。

心智理论

心智理论是指清楚明白我就是我，你就是你，我们是两个截然不同的个体，伴随着不同的生活和成长经历，我所经历的情感体验（或想法、信念或计划）可能是你不曾经历的，这是自然也是正常的。

就像大脑的所有能力一样，我们需要通过与他人的共同体验来培养心智理论的能力。你会发现，在任何一个特定的时刻，你的情绪都可能与另一个人的不同，这是完全正常的现象。同样，对方也能意识到你的感觉与他的不同，这对他们来说也能够理解和接受。从他人身上体验到的心智理论有助于在你自己的大脑中发展心智理论。

根据发展心理学家的说法，大多数儿童在4岁时就具备一定的心智理论能力，而这种能力的有无和高低都取决于从最早的看护者和亲人身上得到的体验。心智理论是情商高低的基础，我们需要能够感知并接受自己的情绪（即正念自我同情），还需要能够感知并接受他人面对同样情况的情绪（即正念共情）。我们能够区分自己和他人情绪的能力就是心智理论。

大脑，特别是前额皮质，需要借助周围的人关注和反应，才能发展出感知、调谐、理解的正念共情以及合理应对情绪的神经功能，我们才能保持情绪稳定。从更专业的角度来说，这个过程需要大脑感知他人对你的情绪的第一反应，才能验证情绪，进而完成对情绪平衡的二元调节。这就是大脑如何发展出这些基本生活技能的神经生物学。如果在幼年时期，看护者没能提供这些体验，你可能长大以后也难以调节自己的情绪，维护情绪健康。如果是这样的话，本章将告诉你要如何建立这些能力并保持情绪的平衡。

建立新制约

这些练习会增强你管理自己情绪的反应灵活性，还能有效调节他人情绪对你的影响。经常练习可以在大脑中创建新的神经回路，奇迹般地将你的大脑功能从消极转变为积极，而且几乎对我们担心的所有负面情绪都奏效。

第一级：应对小风浪

这些练习会增强你与自己和他人的情绪融为一体、共情感知的能力，增进你与他人的信任感和对自己的自信心。

👉 **练习 3-1：感知**

这个练习的重点是关注身体感受到的情绪。你不必思考，只要和这些情绪安静共处。练习的目标是，在你体验的同时，培养你对正在经历之事的觉察和审视，允许、承认并接受这就是正在发生的现实。

1. 找一个至少 5 分钟内不会被打扰的地方，安静地坐下。专注于当下，感知自己的存在，将注意力集中到自己的身体和内心里，体会此时此刻的感受。

2. 在接下来的 5 分钟里，任由意识自由地流动——情绪会自然而然地出现。无论身体有什么感觉，大脑里冒出什么想法，都不要去干预，只要注意它，承认这些情绪已经出现并被你的意识扫描到，但要允许并接纳它们的存在。在这一点上，不必对这些情绪感到好奇或试图弄清、管理它们，只要足够关注，在你的意识中记录下这些体验就可以。

这项练习可以加深你的洞察力，让你在不需要否认或回避自己经历的情况下，维持情绪稳定，有意识地与经历过的一切和解。

3. 在练习的这个阶段，你已经到了一个选择点，你有如下的选项：
   a. 你可以放下对当下意识层中的情绪的关注，把注意力重新集中在安静、可靠、广阔的意识上，感知自己停留在幸福的"精神家园"；
   b. 你也可以专注于那些情绪的感受，来解读它们带来的信息。

活在当下绝非易事，这可能是世界上最难做到的一点。也可以去掉"可能"二字，这就是世界上最难做到的一点。活在当下不仅最难，而且也最重要。一旦你真的进入活在当下的状态，你立刻就会觉察，会产生一种回家的温暖和归属之感。回到这个精神之家，你就可以完全放松下来，在自己的存在中休息，在意识中休息，在情绪中休息，在自己对自己的陪伴中休息。

——乔恩·卡巴—金

👉 练习3-2：调谐

这个练习需要辨别每种情绪的"特殊味道"。调谐可以让你识别出那些复杂、微妙的情感，比如一丝丝不易察觉的孤独和猜疑情绪。这种识别是掌握情绪技巧的一部分，指的是一种既可以解读自己情绪，又可以接纳他人情绪并与之相协调的能力。

我的两位冥想老师分享了他们关于情绪调谐的故事。第一位是盖伊·阿姆斯特朗（Guy Armstrong），他讲述自己的经历：有一次，在漫长的禅修冥想中，他感到焦躁不安、难以入境，后来终于觉察到是一种悲观情绪在作祟，他敏锐地捕捉到它，与它打了声招呼："嗨，绝望！"虽然绝望的感觉并不舒服，但盖伊一认出它来，便不再深陷其中，而是可以感知它、接纳它，让这种情绪自由铺展，然后放手让它自行离开。当你感知并识别出那一刻的情绪时，前额皮质也开始发挥作用。这种认知和接纳使盖伊能够平稳地调整情绪、做出理智应对，而不是被情绪所困、难以摆脱。

另一位老师是安娜·道格拉斯（Anna Douglas），她讲述了另一番情形。有一段时间，她发现自己的感觉失去了波澜，似乎什么事情都不能激起情绪波动。最后她突然意识到："哦！这就是平静！"与调谐负面情绪同样重要的是，你也需要能够觉察并适应内心安逸舒适的正面情绪。

通常，在你感知并确定突然来袭的情绪是什么之前，就能感觉到情绪对你的影响——这是我们的本能反应，因为我们的神经系统平衡受到了干扰，它会提醒你，有些事情在发生，需要你的注意。

1. 当你感受到情绪的影响时，集中注意力，投入到身体的感觉中去。开始识别这些感觉分别是什么——双腿颤抖、牙关紧绷、胃部翻腾、心脏收紧、头昏脑涨等。不要去思考这些感受的来源和背景，只要感受它们、识别它们就好。从我们对情绪识别的经验来看，你应该已经能够对这些感觉做出准确判断。

2. 有时，我们感知出的信息十分细微，差别也不明显，要确定到底是什么情绪也并非易事。那么，只要为这些情绪找一个足够接近的标签就可以："这也许是满足""这大概是烦恼"或者"这应该是绝望"。

无论你正在调谐的情绪是什么，无论你选择如何给它贴上标签，这种感觉就是它的本质。你要做的就是体会对它的感受，并以一种你认为最贴切的方式对它进行标记。（如果你识别出它来，就能掌控它。）你要相信自己有能力感受和识别各种情绪，即使后来它们发生了改变也没关系。

一旦标记出一种情绪，你就开始理解它了。我们需要投入时间和努力去识别，就会发现所有的情绪都是可以理解和接受的："从眼前的情况和过往的经验来看，我有这样的感觉是完全正常的。"比如，当你到新的工作岗位报到的第一个早上，可能会感到忐忑不安，也可能会感到信心满满，但不管怎样，这两种感觉都是有道理的。所有情绪，不管是你抗拒和害怕的情绪，还是你欢迎和喜欢的情绪，都能以弹性的方式引导你的行为，达到自我保护或自我提升的效果。你不必对情绪感到担心，无须不可自拔，也不该被情绪淹没，只要对自己的经历和情绪表达方式负责即可。

👉 **练习 3-3：理解**

1. 尽量保持情绪平和，安静地坐着，着手你要关注和调谐的情绪。
2. 告诉自己，无论面对什么样的情绪，无论这种情绪会引发什么样的感受或行为，你的大脑中都存有之前妥善（或不妥善）应对的制约模式，当下你的一切感受都是正常且合理的。

3. 激活你的前额皮质，这是大脑中负责理解和调谐的部分。你不需要思考，只要秉持包容和反思的态度，从之前的体验中学习，汲取正向的内容来理解当下的情绪。你以前有过这样的感受吗？这种感受代表着什么？你当时是如何处理的？处理的结果理想吗？你是否曾对这种感觉质疑或误解？你是否在之前的处理中有过失误？
4. 这一系列的发问可能会引发更深层、更难以控制的感觉。在后面的练习中，你可以利用正念自我同情的方法来管理并平复自己的情绪。
5. 你也可以向朋友、同事、心灵导师、老师、治疗师或教练寻求帮助。从别人的经验和错误中学习也是一种有效的学习方式，可以帮助你恢复情绪平衡。

对情绪表达尊重和理解是一个激动人心的过程，需要高超的技巧。当你能够理解情绪的来源、接纳对情绪的反应，你就可以成为明智的情绪掌控者。

这些练习的目的是让你学会使用高阶大脑来管理你的情绪，这样情绪就不会妨碍决策的正确性。你还能学习如何掌控情绪，让它们在决策中起到正向和重要的作用。只需倾听，抓住重点，然后利用你从情绪中感知到的内容来巧妙地化解它们。

👉 练习 3-4：行动

1. 尽量在情绪平稳的状态下开始这个练习，这样才能发挥前额皮质的作用，让它冷静地管理各种情绪。
2. 选择一个你想要处理的小情绪，积极的或消极的都可以。选择日常生活中熟悉的小烦恼，比如水槽里堆了一天的盘子，忘了把东西收进屋里又偏偏赶上下雨，正要处理的税务文件莫名其妙从电脑里消失或者孩子没有回家，也没有打电话等等。这些场景我们都时常遇到，心情也总是随之烦躁。在这个练习中，不要选择那些让你感觉糟糕透顶的情绪，因为你需要让大脑从简单的情绪开始处理，才更容易增强它的反应灵活性。
3. 仔细体会，是身体上的什么地方会感受这种情绪。当你感受到时，注意它所引发的进一步想法和念头。思考你想要采取的行动，如果是消极情绪，就要以某种方式缓解；如果是积极情绪，就应该想办法把它放大。

4. 花点时间进行一场头脑风暴，想出能采取的 5 个行动选项，再思考一下这些选项要如何操作。
5. 想象一下这些选项可能引发什么样的结果，体验其中是否有特别向往或特别排斥的一个。
6. 你可以现在就结束练习，也可以按照你刚才最满意的选项采取行动。如果采取行动，除了检验选项的结果，还可以体会这种情绪在引起觉察和引导决策时是否起到了推动作用。

在情绪智能的练习中，也应该坚持"小幅多频"的原则。放松，慢慢来，花点时间稳定你的情绪。一次只处理一种情绪，或者只处理一种情绪的一个小方面。反复练习感知、调谐和理解的过程，直到这些技能成为感知和回应情绪状况的新习惯，然后你就可以选择以更灵活的方式来处理情绪问题。这个练习为你创造出更多的可能，以一种新的、更具韧性的方式应对困境和危机。

93% 的情感交流是通过面部表情、肢体语言、语气音调和抑扬顿挫来进行的，只有 7% 是通过语言表达的。我们需要用语言来表达自己和理解他人吗？当然需要。但是情商和情感一样，都是由内而外自由生发的，情商建立在对自己和他人的感受进行调谐和非语言解读基础上，是指我们能够更好地体谅与回应他人感受的能力。

☞ 练习 3-5：调谐和传达基本情绪

这个练习会增强前额皮质的功能，使其能够适应并识别各种情绪，就像在健身房反复练习达到想要的效果一样。这个练习需要和伙伴进行非语言交流，来增强前额皮质感知和解读肢体或表情动作的能力。这个练习围绕 5 种最基本的情绪展开，分别是愤怒、恐惧、悲伤、快乐和厌恶，掌握这些技巧可以提高你的调谐能力，便于以后解读更加微妙的情绪，如失望、嫉妒、内疚、敬畏和好奇等。

1. 找一个伙伴与你一起练习。每人大约 30 分钟，然后交换。
2. 决定自己表达愤怒、恐惧、悲伤、快乐和厌恶这 5 种情绪的顺序，但是不要告诉对方。对于任意一种情绪，回忆之前的经历是一种快速而简单的唤起方法，可以在内心再次体验这种情绪。

3. 选定好第一种情绪，花 10 秒钟用身体语言将它表达出来。你可以与对方保持眼神交流，可以使用手势、表情和声音，但不能使用语言来描述。一开始你可能会觉得自己的表达方式十分夸张，但是没关系。你的伙伴也可能从你的表情中读懂了这个情绪，也先不要说出来。你可以仔细体会一下，当你把自己的情绪传达给别人时，内心发生了怎样的变化——其实这就是一种自我的情绪调谐。留意在这个过程里，你自己感受到的情绪是增加、减少还是变成其他情绪了。

4. 先不要和伙伴讨论刚才的情绪，把你的注意力收回来。徐徐地深呼吸，把刚才你一直在表达的情绪平缓下来。继续唤起下一种情绪，同样向对方展示 10 秒钟。继续让对方感受你的情绪，还是不要语言交流。

5. 仍然不要讨论，重新集中注意力，唤起清单上的下一种情绪，继续向伙伴表达。剩下的几种情绪也是以此类推。

6. 在揭晓你的情绪之前，交换角色，让你的伙伴也依次表现出 5 种情绪。当你观察对方的表现时，主要是通过面部表情、肢体语言、音调节奏等信号来区分不同的情绪。当你感知到对方的情绪时，请观照自己的内心有什么感觉。

7. 当伙伴也将 5 种情绪表达完之后，你们各自分享自己对对方试图表达情绪的理解和猜测，并解释识别每种情绪的理由。

如果所有的猜测都是准确的，那么恭喜你们完美地完成了练习！如果有差异，抓住机会讨论一下，在对方的情绪表达中看到了什么而导致了你们的理解偏差。这个练习会加强前额皮质表达和调谐情绪的能力，这是使沟通更加顺畅的基础，你学会适当的技巧来满足这些需求，就能更好地理解他人的情绪。

👉 练习 3-6：对他人的情绪感同身受

我们经常对他人的行为进行评判或回应。这个练习就是要培养你的共情能力，让你在类似情形下激发自身经历产生共鸣，来对他人的情绪感同身受。

1. 在某人身上找出一个你不太喜欢（至少现在是不太喜欢）的行为。比如，在高速公路上，旁边车道上的司机正在对另一个刚刚超车的司机大喊大叫；你的女儿拖延支付信用卡账单，直到因为产生大笔滞纳金还危及了信用评级才想到还款；你最好的朋友去接足球课刚下课的儿子时，迟到了整整15分钟，为了掩饰自己的懊恼，还和教练吵了一架。

2. 注意自己内心对这种行为的反应，包括意见、看法或自发的评判，但是先把这些感觉放在一边。

3. 激起你的好奇心，让前额皮质开始活跃，思考到底是什么导致了他们的这些行为。是不是他们的压力太大，疲于应付？是因为经验缺乏，能力低下，还是自卑心理作祟？

4. 回想一下自己是不是也有过类似的行为，是不是也曾经对一个在高速公路上超车的司机出言不逊。似乎有过这样的情况。如果设身处地想一想，我们就能理解并原谅那些这么做的人，也能理解并原谅自己。

5. 请你记住，现在目睹的任何行为（不管是在你自己或他人身上），都植根于习得的制约习惯，最初是为了某种生存目的。理解了这一点，现在你就可以向对方表示一些理解、同情和宽容。

6. 如果可能的话，将你的共情感受告诉给身边的人。也许我们无法将这种感觉传递给高速公路上偶遇的司机，但是完全可以表达给你的女儿或朋友。这样可以确保你对他们的理解是准确的，共情中产生的关怀切实温暖了他人。对方得到你的体谅和包容，有助于他们重组自己的制约模式，而且乐于改善自己的行为。共情练习还可以使前额皮质得到锻炼，对于重新配置大脑功能也很有帮助。

共情的能力是情绪智能的重要内容，在现实生活中，情商往往比智商更能决定你的人生之路是否平顺。当你通过理解他人的难处而变得更加善于沟通时，你就在无形中建立了丰富的人际资源，遇到麻烦时，可能会得到更多助力来渡过难关。

第二级：应对困顿和心痛，悲伤和挣扎

当你培养起积极的亲社会情绪时，大脑功能也会得到强化。面对生活中的困难，你会以开阔的心胸、妥善的方法和包容的态度来应对，而不是一味地抱怨、逃避、恐惧甚至封闭自己。当我们被亲社会情绪包围时，心理韧性和幸福感受都会显著增强。

👉 练习 3-7：分享善意

> 我们的测试发现，一件善举释放的力量最能唤起幸福感的提升。
>
> ——马丁·塞利格曼（Martin Seligman）

1. 邀请你的朋友、熟人或亲近的同事一起做这个练习。每人花 2 分钟来分享被他人的善意温暖过的时刻——可以是今天发生的事情，也可能是前几天、前几个月，甚至是小学三年级时的愉快记忆都可以。这些善意之举也许是有人在你不方便时为你开门、帮你捡起掉在地上的东西，在走廊相遇时对你友善地微笑，或者在你陷入低谷的时候发电子邮件鼓励你——这些小事都铭刻在你的记忆中，每每回想，心中都涌起安慰。

2. 然后，用两分钟的时间，交流一下和伙伴们分享你的故事之后的感受，看看是否也从他们这里得到了善意的关注、共鸣和支持，特别要留意那些由表情或姿态等非语言信息传递出来的感受。描述你听到他人的故事有什么感觉，是否也能与他们共情，理解这些善意对他们的温暖意义。

3. 然后暂停一下，安静地思考刚才的练习对你的身心有没有产生正面影响，比如有一种轻松、舒适或放松的感觉。

4. 你们还可以选择其他主题来做这个练习，比如分享那些充满勇气、耐心或平静的时刻，这对大脑功能和心理韧性都有很大的好处。对那些能够增强心理韧性的特质的每一次探索，都会帮你把这种品质更深地铭刻在你的神经回路中。

芭芭拉·弗雷德里克森在《爱的方法》一书中，描述过神经同步的感觉。在友善、温暖和关爱的氛围中，与他人分享积极的情绪体验，十分容易唤起人与人之间的情感共鸣，进而让在场的每一个人都感到温情和喜悦。这种练习十分适用于自我强化的需要，帮助我们利用培养积极情绪来改善大脑的功能。

👉 练习 3-8：对生命之网表达感激

有时，我们的生命之光几乎熄灭，又被他人的火花重新点燃。我们应该

> 深深感激那些点燃我们内心火焰的人。
>
> ——阿尔贝特·史怀哲（Albert Schweitzer）

培养积极的亲社会情绪，也就是说，毫不吝啬地对一切帮助和善意表达感激之情，是改变大脑功能最简单的方法之一。在这个练习中，我们要将感恩的范围延伸到更广大的生命之网——不仅要感激那些曾经直接鼓励和帮助过我们的人，也要感激那些保障我们的生活顺风顺水、便捷高效的人，即使他们默默付出，却从未与我们谋面。

1. 从忙碌的生活中暂停5到10分钟，回想一下曾经帮助过你的人，比如当你手头事情应接不暇时，默默帮你递上工具的人；当你的车子被小孩撞坏时，给你发来邮件安慰你的人（虽然他也表示谢天谢地，撞坏的不是他自己的车）；当你3岁的孩子淘气地碰翻了货架上的果酱，及时来帮助你清理现场的店员；还有在你重感冒时让你好好休息，自己接替你工作的同事。

2. 花点时间关注这些回忆所唤起的感恩之情。当你再次同这些感觉产生共鸣时，体会一下哪个身体部位对这种感激有特别的反应。

3. 越过思维藩篱，继续感谢那些未曾见过，却对你的生活有所助益的人。想想看，如果你在洗手间不慎滑倒、骨折，被紧急送去就医，那么当地医院的医护人员就会为你提供最及时的帮助。还有许多在机场、药店、消防局和加油站工作的人，他们用自己的付出保障了你生活的便利；还有那些在水务部门检测水质的人，他们工作的意义就是让你随时可以喝到安全的水。举个身边的例子，我哥哥巴瑞（Barry）是一名除雪车司机，许多年来，只要他的家乡下雪，他就会凌晨3点出去清扫路面，以保证人们早晨上班时交通顺畅。每当人们对他的辛苦表示理解和感激时，他总是十分快乐和欣慰。还有那些种植食物、回收垃圾的人，他们编织成一张支撑你生活的生命之网，我们理应对他们心存感激。

4. 对在生活中帮助过你的人以及更大的生命之网表达敬意与感激，在回忆中体会共情，留意自己的情绪或思想上有什么变化。

5. 如果你愿意，每天做3分钟感恩练习，坚持30天，把你的注意力集中在每天激发你幸福感的人、环境和资源上。

随着时间的推移，这种做法不仅会让你体会更多的感恩之情，还会让你拥有更多的积极情绪，比如快乐、平静、满足等等，这无疑会让你的人生更加幸福。

👉 练习 3-9：敬畏之心

敬畏感是我们在看到一些宏大而非凡的事物时所体验到的一种超越生命的感觉，比如欣赏壮丽恢宏的日落、繁星璀璨的夜空，还有变幻神秘的日食或极光。伟大的创造性作品也能以既奇特又开放、既复杂又和谐的形态激起我们的敬畏之心，就好像泰姬陵（Taj Mahal）的宏伟让人叹为观止，其实一些细微之处也可见证生命的奇迹，比如一朵鲜花的全力绽放也能让我们为之动容。

> 神秘是我们能够体验到的最美好的事情，它是一切艺术和科学的源泉。如果一个人对这种神秘无动于衷，不懂得停下脚步欣赏和赞叹，对万物失去敬畏之心，那么他就和死了一样——他的眼中已经没有世界了。
>
> ——阿尔伯特·爱因斯坦（Albert Einstein）

敬畏不是奢侈品。敬畏感会颠覆我们司空见惯地看待世界和自己的方式，保持敬畏有利于发展心理韧性。敬畏既能促进好奇心和探索，又能舒缓神经系统。它能让我们直面日常的困扰，开阔我们的视野，还让我们感到与他人的联系更加紧密。

> 一沙一世界，一花一天堂。
> 无限掌中握，刹那是永恒。
>
> ——威廉·布莱克（William Blake），《天真的预言》（Auguries of Innocence）

1. 让自己沉浸在大自然中——找一个公园、花园、森林都可以。仔细观察每一件事物，就像第一次见到一样。睁大眼睛，带着好奇心，认真观照每一棵树、每一片草叶，路上的每一个转弯，天空中的每一朵流云。
2. 参观一座精美的博物馆或美术馆，欣赏一场高端的音乐会或演出。让对生命、历史、艺术的敬畏之心通过作品或演员传递给你。思考自己看待世界的视角和感受是否发生转变。

3. 回想自己过去心生敬畏的经历，比如回忆在国家公园徒步旅行的空旷、游览世界名城的感叹，或者第一个孩子降生时的感动。当日常琐事让你心力难支时，这种回忆尤其奏效：它能提醒你，世界仍然是一个神奇的存在，充满未知、神秘和潜在的无限可能。
4. 上网找一段励志演讲、表演或揭秘科学发现的视频。抱着包容和开放的态度观看，接受启发和激励，体会内心产生敬畏感的瞬间。

我们几乎可以在生命中任何时刻发现并体验敬畏之感。这会让我们养成专注思维的新习惯，从而改善大脑功能，抚慰我们的身心。

👉 **练习 3-10：接受正面感受**

1. 在一天中找一个片刻，回忆你今天或以前所遇到的任何善意之举、感动之事或敬畏之情。比如说，你的车送去修理时，好心的邻居让你搭他的顺风车，或者在夕阳的余晖中看见一只漂亮的蓝鹭从池塘里一飞冲天。
2. 享受这一刻的美好——感受身体的温暖，心灵的轻盈，由衷地赞叹："哇，这简直太棒了！"
3. 让你的意识在这种美妙的感觉上停留10到30秒。细细地咀嚼这种美好，让大脑有足够的时间来铭记这种体验并将其储存在长期记忆中。
4. 一天内，再努力唤起这种记忆五次。这会刺激你的大脑神经反复放电，强化这些记忆，这样一来，你就可以随时回忆起它们，丰富自己的积极情绪储备，加强心理韧性。

当你反复激活正面感受时，要注意不仅要就事论事地回忆，而是要在回忆中加以学习和利用，创造新的神经回路，恢复心理韧性。

第三级：应对生命不可承受之痛

太多的挫折或磨难、毁灭性打击或接二连三的噩耗，都会引发一系列压倒性情绪，让我们感受到"生命不可承受之痛"。这可能让我们对未来产生一种极端恐惧、抗拒生命的念头。强烈的情绪积累会像滚雪球一样越来越大，引起恐慌、愤怒、内疚和羞愧等，让我们无法自拔。有时我们的反应是将自己封闭，用忧郁和失落来麻痹自己。当情绪失控或铺天盖地时，我们很容易因此受到心理创伤，不仅对于困难于事无补，还会让自己变得脆弱不堪。

同情心是在别人承受苦难的时候给予的关怀，对于一颗受伤的心来说，是一剂难得的镇痛药。如果我们的痛苦可以得到他人的倾听与同情，就会激活大脑中的社交参与系统，舒缓紧绷的神经。这会让我们确认自己并不孤单，我们仍然被世界接纳和善待，对恢复情绪平衡十分有利。即使外部的麻烦或创伤并没有得到实际解决，来自外界的同情也会让我们觉得一切都有最好的希望。

👉 练习3-11：约见关心你的朋友

下面这个练习运用了引导和想象的方法，为你营造出一种被倾听、被理解和被关心的感觉，可以为大脑和心灵提供温柔的资源。无论我们正在经历什么样的烦恼或痛苦，被人关爱和疼惜的感觉都会让人好起来。

1. 舒服地坐下或躺下，集中精神，关注当下的感受，把你的意识聚焦在呼吸的轻柔节奏上，进入一种平静放松的状态。准备好之后，想象那个让你感觉安全、放松、舒适的安全营垒。这个安全领地可以是家里的一个房间，公园里最喜欢的长椅、能够俯瞰海滩的山顶小屋，或者是常与朋友会面的咖啡馆。在安全营垒里，让自己放松下来，享受此刻的舒适和惬意。

2. 然后，想象一位来访者，一位比你年长、睿智、强大的师友，他十分了解你，对你也很关心。他可以是你身边认识的人，也可以是一个虚构人物。他代表了你心中对温暖和爱护的需要。他专门为你而来，希望你拥有幸福，愿意陪你度过一切喜悦或灰暗的时光。

3. 当你想象这位关爱你的朋友来到安全营垒看望你时，仔细想象他们的模样、穿着和动作。认真体会你和他在一起时，身心有什么感觉。

4. 想象一下你要如何与这个人打个招呼，是站起来握手，拥抱，还是鞠上一躬？

5. 然后想象你们要怎样交谈，是面对面坐着，还是并排坐着，或者站起来走一走？

6. 把当前的一些烦恼、焦虑或痛苦讲给他听。想象一下向可信赖的朋友倾诉会是什么感觉。在倾诉的过程中，有没有觉得心里舒服一点，或者有其他的感觉？

7. 想象你的朋友乐意敞开怀抱，做你的树洞，温柔地接纳你所有的委屈。体会被倾听、被理解和被接受的感觉。

8. 想象一下你这位富有同情心的朋友可能会说一些什么话来温暖你、鼓励你或支持你。如果他的话让你非常受用，你会如何回应？想象自己在听到这些话的时候，心里有什么感受。

9. 交谈结束时，你的朋友要离开你的安全营垒，想象一下你要如何道别，但你心里知道还可以在需要的时候随时约见他。

10. 当你送别朋友，再次独自回到安全营垒时，花点时间反思刚才的交谈。感受自己是否有些好转，或者是否有方法利用刚刚学到的直觉智慧来解决眼前的难题。

每次你与这位朋友的会面，其实都是在激活自我同情系统，来安抚神经系统，恢复身心的平稳。当这个练习成为大脑中一个可靠的习惯时，你就会心有所依，感觉自己不再孤单，对于培养心理韧性十分有帮助。

☞ 练习 3-12：激发同情心

研究人员发现，相比于自我同情，人们往往更倾向于同情他人的遭遇。这项练习就是要将对他人的同情心延伸到自己身上，让这种自我关怀如同涓涓细流，滋润我们的心灵。

1. 回想那些让你很容易对他人的不幸遭遇感同身受，进而同情和关心别人的时刻。比如你的邻居最近脚踝受伤，还要步履艰难地把沉重的袋子装上车；表弟在来你家度周末之前，却弄丢了重要的行李；8岁的孩子没有赶上班级去野餐的校车，于是回家伤心地哭诉；你家的猫从厨房的吊柜上跳下来摔伤了后腿，一瘸一拐地走了3天。

2. 想象这个人或宠物和你待在一起。如果是孩子或宠物，他们甚至会坐在你的腿上。当你看到他们的狼狈，有一种温柔、关爱和善意的暖流不由自主地从你心中升起。感受自己的同理心、同情心和慈悲心从你的身体和心灵源源不断地流向他们。

3. 当这些感觉十分稳定时，稍微改变一下状态，回想一下你自己面临痛苦或麻烦的时刻。不管你的困扰是大是小，只要体会一下心中愁苦的滋味就可以。

4. 再想想刚才你对他人或宠物释放出的温暖、关怀和善意。在同样的情形下，只需将这种同理心、同情心和慈悲心引导到自己身上来。你要接受自己的关心和善待，接受自己对自己痛苦的同情和怜悯，无论事情有多严重，无论你的表现多糟糕，无论你的情绪有多低落，你都可以清楚地安慰自己说："一切痛苦都会过去……一切麻烦都会解决……随着时间的推移，我总会跨过伤痛，重新好起来。"

5. 让自己沉浸在被理解和被包容的感受中，深切地自我同情。放松心情，接受自己对自己的理解、同情和宽容，改变焦灼的感受，找到让自己感觉安慰的方法。

6. 反思一下这次练习的过程，看看现在对自己不幸遭遇的态度和感受有没有什么改变，想一想这种改变是否对解决问题有所帮助。

当你对自己的痛苦给予真正的同情，你的大脑功能也将得到改善，变得更开放、更易于融入世界。如果你能培养一种"开放的态度"来面对挫折，大脑也会产生更大的反应灵活性，有效提升心理韧性。

重新制约

我们之前说过，所有情绪都是吸引大脑注意的线索，它们总是想告诉大脑，有一些重要的事情正在发生。在向大脑传递信息的情绪中，最令人难以承受的两种分别是焦虑和羞愧。下面的练习可以帮助我们将焦虑转化为行动，将羞愧转化为自我同情和自我接纳。学会这些练习，我们还可以将任何消极情绪转化为积极情绪，甚至抑郁和绝望等情绪也可以被改变。

> 如果你觉得自己的内心有一个黑洞，面前都是厚厚的阴影，别怕，那是因为你身后的某个地方有一道伟大的光。你要做的就是学会利用阴影去寻找光明。
>
> ——室利·阿罗频多（Sri Auribindo）

第一级：应对小风浪

每当你准备冒险做一些新事情，比如出国开始新生活，再次步入婚姻殿堂，换一份新工作，尝试自己修理漏水的淋浴头……这些时候你可能会感到犹豫，退缩，冒出一种担心的念头："啊！未知的新一页！真不知道该不该这么做！"尽管你心里可能很想采取行动，却因为畏惧而退缩，总觉得束手束脚，不敢放手一搏。

你可以把这种不安的感觉定义为焦虑，它会让你不自觉地想要拒绝或推迟新的挑战，因为你每一次想尝试新事物时，焦虑感都会让你觉得这件事十分冒险。你可以听从苏珊·杰弗斯（Susan Jeffers）的建议："带着恐惧，但还是要去试试看"。冥想老师杰克·科恩菲尔德（Jack Kornfield）所说："将这种焦虑解读为你即将成长的信号"。或者你也可以将焦虑转化为行动，就像埃莉诺·罗斯福(Eleanor Roosevelt) 那样，"每天做一件让你害怕的事"。

> 每一次经历都会让你获得力量、勇气和自信，而你也将因此不再害怕。我们必须明知不可为而为之。
>
> ——埃莉诺·罗斯福

学着将焦虑作为行动的线索，训练大脑对这种信号做出不同的反应，可以大幅度增强你的反应灵活性和心理韧性。回想那些自己控制焦虑、勇往直前的时刻，就为应对下一桩挑战开了一个好头。

☞ **练习 3-13：每天做一件让你害怕的事**

1. 从小事做起，从识别一天中接受的焦虑信号入手。也许是在上班路上，因为事故而导致塞车，为了不迟到，你只能绕行一条不太熟的路；有朋友提议去一家新开的特色餐馆尝尝或是看一场前卫戏剧，你突然发现在家做税务单比出门相亲更舒服。这些都是内心焦虑不安的信号。

2. 选择一个焦虑的时刻，用行动去回应，而不是回避或退缩。直面问题，将你的犹豫转化为行动，而不是去做一些轻车熟路却毫无关联的事情来避开让你害怕的未知挑战。（比如，与其在家报税，不如勇敢去约会。）

3. 做过让自己害怕的事情后，观察自己的情绪有什么变化，看看自己是不是因为找到了行动的勇气而觉得有所不同？

4. 坚持一周，每天做一件让你害怕的事。选择一些小事就可以，对于大脑来说，"小幅多频"的锻炼更容易形成新的制约，建立新的反应习惯。在改变的过程中，留意是否对这些事情或对自己有了新的认识，这些感觉是否占据了你的内心，觉得自己变得更强大了？

反复练习做一些让你害怕的小事，当巨大的考验来临时，你的大脑就会选择采取行动。坚持下去，你就逐渐可以迎战真正困难的事情，比如与你的伴侣进行一场严肃的谈判或者开口向你的老板要求加薪。

👉 练习 3-14：我当然可以！

通常情况下，我们之所以有勇气去挑战一些害怕的事情，是因为我们曾经成功地做过这件事。这种自信的感觉是很好的心理韧性资源。研究人员发现，我们可以从以前取得的成功中获得自信。现在的成功和过去的成功不一定雷同或相似，我们需要的只是一种延续下来的自信感觉。而且，能够让我们建立自信的成功也不见得非得是巨大的或戏剧性的，"小幅多频"的成功体验通常十分有效。

1. 找出生活中你希望更多感受到"我当然可以"的领域。也许你正在考虑在工作了30年后重返校园、加盟一家连锁商店，或者当你最小的孩子也离家独立时，即将面对空巢生活。

2. 找出生命中3个你真正相信并感觉到"我当然可以"的时刻，感受那种由于取得了成功而发自内心的自信感。不必回想你应对的细节，因为每个事件的情况都有所不同，只要记住你做成了这件事时的感觉即可。请注意，我们在这里谈论的是一桩桩琐事，而不是什么重大事件，比如帮妈妈拧开很紧的瓶盖；凭直觉在陌生的城市找到火车站；在孩子失望时很快将他安慰到心情平复，这些"小成功"就非常理想。

3. 完全不用担心成功的大小，只要聚焦于那一刻的成就感。回忆一下当时你的身体有什么感觉？有没有忍不住高呼："我做到了！我可以！"记住这种振奋的感觉，把它作为身体智能的一种资源。

4. 试着把这种发自内心的"我做到了！我可以！"的感觉带入当下，带着强大的自信投入到眼前的挑战中。

现在，你可以将信任感和成就感带入你想要尝试的领域。即使是最微小的成功也能让你的大脑重新建立制约，恢复心理韧性。

第二级：应对困顿和心痛，悲伤和挣扎

羞愧感是对心理韧性和幸福感最大的情绪威胁之一。正念静观和自我同情是改善大脑的两个最强大因素，也是你可以用来转移和治愈羞愧感的最有效工具。

正念静观让你意识到正在发生的事情，并且学会接受不希望看到的结果。自我同情会让经历创伤的人感受到关怀和善意。当某种经历让你感到羞愧时，你可能会希望自己不是现在这样的反应，但现实中又无力让自己应对得更好。正念自我同情可以用包容和关爱帮助你抓住并改变这种羞愧的情绪，使之变得可以接受或降低影响。

练习3-15：给自己一个喘息的时间

当不安或痛苦的情绪仍然合理可控的时候，自我同情有助于建立和加强神经回路，当事态严重、情绪失控时，自我同情可以增强心理韧性，让你快速平复。

1. 当你感知到某种负面情绪的涌动，比如无聊、被轻视或懊恼的感觉，那么停下来，把手放在心口上。这个姿势会激活催产素的释放，这是一种安全又值得信赖的有利激素。
2. 开启自我同情的练习。温柔地对自己说："真是让人头疼""很糟糕""我很害怕""真是痛苦的遭遇"或"哎！实在难以接受"之类的话语，承认并面对自己正在经历的苦难。
3. 对自己重复以下的话术，当然也可以变成更适合自己的话语：

    愿我能从这一刻起善待自己。

    愿我能冷静地接受现在的困难。

    愿我能接纳此刻的自己。

    愿我能给自己充分的自我同情。
4. 不断重复这些话，直到感觉到自己的同情、善意和对关爱之心变得比最初的消极情绪更强烈为止。
5. 停下来反思一下，思考是不是还有更温柔理智的做法。
6. 以下几句话，是我借用传统的正念自我同情扩展出来的，你也可以参考：

    愿我能从这一刻起，包括今后的任何时刻，在每一刻都善待自己。

    愿我能冷静接受现在的困难，并在今后每一刻都接受生活中存在的困难。

愿我能接纳此刻、任何时刻、每一刻的自己。

愿我能在任何时刻、每一刻都给自己充分的自我同情。

这种自我安慰的变化，就像传统的正念自我同情一样，是完全可以复制的。只要你需要，随时随地都可以练习。这种练习有助于将正念自我同情践行到日常生活中，时时刻刻给自己关爱。

👉 练习 3-16：从羞愧感中复原

1. 当你感受到心中涌起某种痛苦或不安的信号时，把手放在心口上，对自己说句正念自我同情的话："愿我能从这一刻起善待自己。"打断你对羞愧感的自动反应，不要因为眼下的经历而自动连接过往的羞愧感。

2. 做几个深呼吸，放松一下。当情绪出现时，面对它们，接纳它们，温柔地打声招呼："这是恐惧。""我像个傻瓜，总是因为害怕而不敢努力，真的感觉羞愧。""这是我的愤怒。""又是这样！我为自己无能的气愤而感到羞愧。""我有些羡慕他，这么多年过去，我还是很容易嫉妒，这是我的耻辱。"

3. 允许情绪在内心停留，包容它们本来的面目，让它们在善良、慈悲的觉知中得到安慰。

4. 告诉自己，这是人类的共性，不需要刻意地从生命中删除。"我不是孤单一个人。这些情绪完全是正常的人类情感。我不是唯一一个有这种感觉的人。现在，可能还有数百万人也有同样的感受。我并不是特例。没必要因为我有这样的感觉而羞耻。我还在努力改变，尽我所能做得更好。"

5. 找到一个身体上最让你感到羞愧的地方。是下巴吗？或者是胸部？还是腹部？把你的注意力温柔地集中在那个地方。

6. 对这个特定的地方说一些自我同情和安慰的话："愿我能从这一刻起善待你。愿我能冷静地接受你的困难。愿我能接纳此刻的你。愿我能给你充分的安慰和同情。"

7. 尽可能多花些时间对这种羞愧感表达安慰和同情，直到它软化和消失。学会接受此时此刻的自己。

用心的自我同情练习不一定是要让自己马上感觉更好，但是随着时间的推移，一定会产生良好的效果。我们这样练习是为了让大脑功能更好，减少收缩，变得更加开放，让反应和接受能力更强。当我们的大脑对学习的态度更加开放、包容时，我们会做得更好。这种开放性有助于我们以更大的灵活性和更明智的选择来应对任何未知的挑战。

👉 练习 3-17：平和地培养同情心

"共情疲劳"是在卫生保健专业人员和家庭护理人员中，非常值得关注和关心的一个问题，意思是那些助人者可能会因为情绪超载而自己感到筋疲力尽。

神经学家发现，大脑处理同情的部位与处理共情的部位不同。当你感应到别人的情绪（或者通过情绪传染体验到这些情绪），并理解和接纳这些情绪时，会很自然地产生共鸣感，若是没有足够强大的心智理论来辨明那是对方而不是自己的经历，就能体验到科学家所说的共情疲劳。同情心可以激活大脑的感觉运动皮层以及其他结构，鼓励你采取帮助他人的行动，同时启动神经系统的交感神经系，对我们是一种能量和缓冲，防止副交感神经因过度激活而消耗殆尽。

这种引导式的想象练习，可以让你在保持自己情绪平稳的前提下，感受他人的痛苦，同时施以援手。

同情

同情你遇到的每一个人，
即使他们报以冷漠和自负、
抗拒和讥讽，
即使他们充耳不闻、视而不见。
我们也无法洞见，
他们心头战场上的一场斗争。

——米勒·威廉姆斯（Miller Williams），诗歌
《人与人的相处》（*The Way We Touch*）

1. 舒服地坐着，闭上眼睛，做几次深呼吸。让自己感受呼吸的惬意，感受吸气时气息滋养你的身体，呼气时身体随之舒缓放松。

2. 自在地呼吸，找到自然的节奏，感受吐纳的过程。如果你愿意，把手放在心口或身体上任何你觉得舒缓的地方，提醒自己此刻不仅仅是在呼吸，还在感受对自己的关爱之情。

3. 如果你感到自己身上哪个部位不太舒服，就充分地深吸一口气，唤起自己的同情心，并用这种同情心填满身体的每一个细胞。当你感到不适时，深吸一口气，激发自我同情，让自己得到安慰。

4. 现在把注意力集中在吸气上，让自己享受吸气的感觉，反复地吸气，感受气息在滋养你身体的每一个细胞，然后长舒一口气。

5. 如果你愿意，你也可以在每一次呼吸时带入一个词语，例如滋养、关爱、同情、关怀、放松或平静等。在这一刻，用一切善意去善待自己。你也可以想象吸入温暖或阳光，或者任何你觉得有用的东西都可以。

6. 继续想象一位你想向之表达温暖、善意、关怀和同情的人，可以是你爱的人，也可以是在困境中挣扎的人。在你的脑海中想象那个人的模样。

7. 再把注意力转移到呼气上。感觉身体在呼气，随着每次呼气向这个人传递温暖、善意、关怀和同情。如果你愿意，也可以在每次呼气时带入一个亲切的词语，比如"平和""放松"，或者"理解""关怀"，等等。

8. 现在，感受你的呼吸——为自己吸气，为他人呼气。同时重复一个句子，比如"让我给自己安慰、让我给你安慰"，或者其他你觉得适合的句子。你也可以干脆地说，"吸气为我，呼气为你"，感受到慈悲的情绪源源不断地流入和流出。

9. 当你保持这种节奏时，让这些话在你的脑海中涌动：
   每个人都有自己的人生轨迹，
   我不是他人痛苦的原因，
   即使我想方设法，
   也没有能力消除他人的痛苦，
   但我可以对他的痛苦感同身受，
   如果可以的话，愿意用我的温暖予人安慰。
   继续为自己吸气，为他人呼气，感受慈悲的情绪流入，流出。

10. 你还可以根据独特的需要，把更多的注意力放在自己身上，或者另一个人身上，同时重复这些话。

75

11. 让思维回到当下，轻柔地恢复对呼吸的感知。妥当之后，睁开眼睛。
12. 反思刚才的过程，思考你对自己或他人的感觉有没有变化。

与另一个处于逆境或痛苦中的人调谐情绪可能会使你受到情绪传染和共情疲劳的影响。因此，在感知、接纳并对他人的难处做出富有技巧和同情心的回应时，你就需要用这个练习增强你的心智理论，保证自己不被压垮。

第三级：应对生命不可承受之痛

当生活陷入极度的痛苦或者感觉压力山大，可能会让你的情绪一片混乱，根本没办法冷静思考，也可能你面临抑郁或绝望，感到无计可施，这个时候你会特别希望和需要将这些负面情绪转变为开放包容、更具韧性的积极情绪。下面的练习是本书中最强大的练习之一，它们可以瞬间重启你的大脑通路，而且一劳永逸。和之前的练习一样，采取"小幅多频"的方式，带着感知力、好奇心和自我同情的心态进行练习。

👉 **练习 3-18：通过动作重塑消极情绪**

这个练习可以帮助你转化任何难以应付的消极情绪，比如愤怒、恐惧、悲伤、厌恶，甚至对一些诸如不满和失望的细微情绪也十分管用。我建议你从羞愧感开始练习改变，体验那种恢复情绪平衡和找回内心安全感的幸福感受。

1. 站在一个有活动空间的地方。让身体放松下来，让自己感觉舒适自在。
2. 身体摆出一种能体现羞愧的姿势。可能是站立时头向前倾，含胸驼背，整个身体成收缩姿态。这种姿势会勾起你的羞愧感，这样你就有机会面对它、修正它，但不要回想起太过羞愧自责的事情，那会让你一时处理不了，反倒事倍功半。你可能需要尝试几次，来找到合适的程度，来感受、处理进而治愈它。
3. 保持这个姿势 30 秒左右，然后再回到正常的站姿。
4. 现在，完全不用思考，让身体做出与羞愧情绪相反的姿势。你甚至不需要知道这种姿势是什么样的，或者应该怎么描述它。让身体自由发挥——也许站得更挺直，也许把头抬得更高，也许把手臂举过头顶。保持这个姿势 30 秒左右，总之要比刚才表达羞愧姿势的时间稍长一点。

5. 再回到原来的姿势。保持 20 秒左右，注意内心的感觉有没有什么变化。

6. 回到第二种昂首挺胸的积极姿势，再次保持 30 秒左右，比刚才的姿势时间长一些。

7. 找到一个介于最初的站姿和第二种站姿之间的姿势，保持 30 秒。

8. 暂停一下，反思整个练习过程，体会一下内心有什么变化，如果对你有帮助的话，就给这 3 种姿势分别作出定义。你的高阶大脑开始运作，标识出这 3 种姿势代表的感觉，其准确程度可能会让你大吃一惊。

这个练习可以帮助你将消极情绪转变为积极情绪，让你感到踏实、安全，有利于提升心理韧性。

👉 练习 3-19：力量姿势

力量姿势是指自我引导的神经可塑性发挥作用的过程。

1. 在面对任何可能引起焦虑或羞愧感的情况（比如工作面试、商务会议、法庭听证、税务审计、家庭矛盾）之前，找一个安静、私密的地方，在那里练习五分钟以上的力量姿势。这个姿态是：昂首挺胸站直身体，双脚与肩同宽，像超人或神奇女侠一样双手叉腰，或像瑜伽动作的展臂式一样双臂举过头顶。

2. 感受身体的力量和气场。也尝试不同的姿势，选择最能让你感觉心安的姿势。

3. 想想那些可能会破坏心理韧性的消极情绪。感受这些焦虑、羞愧或恼怒正在你身体里聚集起来，然后回到你的力量姿势。

4. 在面临挑战前，先练习你的力量姿势，然后带着更多内在力量和气场去大胆迎战。

通过反复练习，你会自然而然地运用你的力量姿势，随时激发出自己的勇气、韧性和能量。

练习 3-20：创造期望的结果

有时候，你需要体谅自己的感受，并对自己表达同情。你也可以通过重新制约，来修复从过去的困难经历中感知的消极情绪。这个练习是一个强大的工具，可以转变你对过往的任何遗憾、内疚或羞愧，同时避免令后再有任何不明智的反应或缺乏韧性的应对模式。这个练习不会改变发生的事情，但会改变你与这些事情之间的关系。它不会改写历史，但会重塑大脑。

从一小段记忆入手，这样你的大脑才有机会成功修复它，这个练习才能发挥最佳的作用。

1. 找一个你可以不受打扰地坐10到15分钟的地方。专注地聚焦于当下，感知自己的身体，体会来自自身的气场和力量，不要紧张，放轻松才好。

2. 闭上眼睛，深呼吸三次。将你的手放在你的心口上停留几分钟，唤起内心的安全感，让自己情绪平稳，沉浸在平和的氛围中，为自己营造开放、善意和包容的情绪环境。

3. 准备好以后，回想一个片段，可以是你和另一个人的交流不畅、彼此误解的争吵，也可以是你为自己或自己的行为感到羞愧、内疚或后悔的时刻。当你唤起这段记忆的时候，别忘了同时唤起对正念自我同情，保证对自己的理解和接纳。

4. 开始回忆之前事件的所有细节：当时你在哪里、和谁在一起、你说了什么、对方说了什么。慢慢地回忆，直到当时的情绪被完全唤起。这种回忆会激活所有与原始经历有关的神经回路。

5. 看看你现在能不能在身体的某个部位感受到那种发自内心的感觉。试着找到它，清晰地感知它，这样你就可以处理它。但是要控制这种感觉，不要太强烈，避免再度被它压垮。

6. 回忆一下当时的经历对现在的自己产生了哪些消极感受。尽可能生动地唤起这些消极体验的全貌，比如你当时的行为、言语、身体和心里的感觉，以及各种想法。你要"点亮"整个记忆，这样才可以将它重组。

7. 暂时把负面记忆放在一边。现在你要开始创造积极的资源，并将其与消极记忆放在一起，进行解构和重组。

8. 从想象一个完全不同却令人满意的结局开始，即使这个期望的结局在现实生活中根本不可能发生。记住，任何你能想象到的东西对你的大脑来说都是真实的。你可以用这个假想的结果来重塑大脑。

9. 设想在同样的场景中，这次你却说了一些不同的话，而对方的回应也和之前的不同。同样，哪怕这段对话不可能发生在现实生活中也没关系。让你的大脑自由自在地想象和重组。

10. 继续想象一下，你没有像记忆中的那么做，对方的行为也发生了改变，哪怕这在现实生活中不可能发生也无妨。你甚至可以想象一个当时并不在场的人，伸出援手替你解围。放飞你的想象力，为整个事件提出一个更令人满意的解决方法。

11. 给这件事设计一个圆满的新结局。现在，当你想象这个结局时，留意你的感受。体会你的情绪，看看身体的哪个部位感受到了这些情绪。让这个新结局带给你积极的念头、身体和内心感受以及对自己的态度尽可能生动、细致，把它们铭刻在脑海里，加强新的体验。

12. 现在开始在这个新的情绪体验和最初事件的情绪体验之间来回切换几次，再感受一下现在再回想起那个事件的感觉。

13. 轻轻回想最初的消极情绪，轻轻地感受一下就让它们离开，回到那种强烈的、全新的积极情绪中去，沉浸其中休息片刻。然后再次轻轻回想那种消极情绪，看看有没有什么变化。再离开消极情绪，回到积极情绪中去。最后回想一次消极情绪，然后彻底放手，让它全然消失，现在你可以完全沉浸在新的感觉中。

14. 花一点时间来反思你在整个练习中的感受，看看现在对自己的看法和感觉有没有改变。

反复练习一段时间，你会发现最初的消极感受变得不那么强烈，而新的积极感受变得更加真实。只要你需要，就可以进行这个练习，次数不限。

这项练习并不意味着你在自我欺骗，或者无视当时的感受。它只是帮你重塑对自己的感觉，让你能够摆脱不安和畏惧，产生新的体会，对于当时发生的事情慢慢释怀。

对于生活中那些不太令人满意的纠缠，不管是与同一个人的，或者是与许多人的，都可以用这个方法来改善。但你不必试图把生活中所有的不快都重新修复一遍，因为经过长时间的练习，你的大脑就能学会对类似情绪进行自动处理，从此任何排山倒海的情绪都无法将你淹没。你已经学会如果有韧性地应对生活中所有的情绪起伏。

解除旧制约

这一章介绍了许多实用的方法，帮助你感知、理解、管理和重组消极情绪，并使用积极情绪来改善大脑功能，恢复平稳健康的情绪状态。你可以在任何需要的时候进行练习，但现在我们要看看另一种改变大脑的方式：解除旧制约。

在解除旧制约的情况下，你要暂停所有自以为聪明的努力。你需要使用默认网络模式的放松空间，让你的情绪"溶解"成一种平和、轻松的宁静，而下面这些练习就是要让你回到稳定情绪的大本营。

第一级：应对小风浪

你可能体会过这样幸福的时刻——注意力集中、踏实安全，又怡然自得。这些都是在没有危险的情况下，副交感神经系积极活动的结果。这时我们平静而放松，可以享受完全的安全感和信任感。就像那句诗说的一样："万物和谐，秩序井然。"你可以通过下面的练习，有意识地唤起那种幸福感，并通过练习，长期保持这种幸福感。

👉 练习3-21：享受轻松一刻

1. 找一个你感觉舒适、安全，而且5分钟内不会被打扰的地方，可以躺到床上、沙发上或地板上，慢慢地让你的身体放松。卸下一切支撑身体的力量，像漂浮在水面或者躺在软垫上，完全把重量压在支撑物上，放空自己。

2. 慢慢轻柔地深呼吸，在呼气时稍微停留一下。带着轻松、平静和安宁的感觉呼吸。尽量把烦恼、不安和不痛快的感觉都随着呼吸一下一下地呼出去。放松地吸气，呼气，想进行多少次都可以。

3. 感觉你的身体内部，甚至你的大脑里都产生一种宽敞的感觉。此刻你的大脑里充满巨大的空间，就像音符间的间隔一样，任何萦绕的紧张、不安、焦虑都不再集中，而是慢慢变淡、变远，被分隔开来。好好享受这种安逸，这种宽敞的平静。

4. 温柔地将意识集中在这宽敞的空间里，体会那些纷乱的情绪都离你远去。在这宽敞的环境中好好休息片刻。

5. 记住这种宽敞的感觉，以后有需要的时候都可以唤起它。你可以称它为平静、安宁、和煦、安逸或幸福，只要是你觉得有用的称谓都可以。
6. 重新集中注意力，反思你在这个练习中的体验。

我们经常会受到生活中情绪风暴的困扰，却总是忘了风雨之后会有一片碧空如洗的恬静。培养和加深对这种平静心态的感知是增强心理韧性的一种好方法。在生活中，内心的空旷宽敞可以让你的大脑容纳更多难缠的负面情绪。

第二级：应对困顿和心痛，悲伤和挣扎

我有一个客户，名叫肖恩（Sean），他曾经有一段非常难挨的低落时光。他告诉我，每次早上醒来，他都觉得心中充满恐慌，完全不知道该如何迎接新一天的到来。我就建议他，不要一醒来就马上起床，可以先进行一些练习，直到让自己的身心平静下来，找到健康积极的好状态再起来。几周后，肖恩来报告他的练习进展，他表示自己还额外加上了正念自我同情和共情的训练，才能坚持练习下来。起初，他需要一个多小时来让身体和大脑都达到放松与平和的状态，鼓起开始新一天的勇气。但不到一个星期，他就能在40分钟内找到平静的感觉，没过几天又缩短到20分钟，然后是5分钟，最后只要做几次深呼吸就能恢复活力。直到有一天他一醒过来，就感到精神振奋、情绪快乐，禁不住衷心赞叹，这是多么美好的一天啊。他知道通过练习，他已经具备了长期保持幸福感的能力。

👉 **练习3-22：用幸福感稳定情绪**

下面的练习对肖恩采用的那个版本做了一些改进，它可以帮助你迅速从消极情绪中恢复过来。

1. 首先要尽可能地唤起你自己的幸福感，努力感受内心平静、安逸和轻松的氛围。
2. 然后试着唤起轻微的愤怒、悲伤或恐惧等不良情绪，只要一点点就好，让你既能感知到它，又不会被它压倒。
3. 扩大内心的幸福感，让它包容下刚刚唤起的消极情绪，同时告诉自己，幸福感很强，完全做得到，这可以帮助你加深对这个过程的体验。确切地感觉你的幸福感比其他任何感觉都要强烈。
4. 让轻微的消极情绪退却，在幸福感中平复和休息。

5. 你可以尽量多地重复这个练习，以加深你对幸福感的信任，把它变成增强心理韧性的资源。

练习一段时间之后，你也可以在清晨醒来时就觉得乐趣满满，并在一种幸福感中度过一天，无论何时遭遇情绪起伏，都能迅速平静下来。前额皮质也会在练习中得到加强，在消极情绪出现时及时进行情绪管理。你可以根据需要在专心和分心的过程之间来回切换，来保持情绪的平衡。

第三级：应对生命不可承受之痛

第二章介绍了许多管理神经系统的练习以及恢复心理平衡的方法，让你可以平复情绪，做出明智的选择。本章也提供了练习，让你可以管理那些诸如如痴如醉、悲痛欲绝或欣喜若狂等大起大落的情绪，迅速回归到宁静的心理状态，这样你就可以保持心理韧性，从容应对挑战。

当你的情绪起伏不定、难以控制，而你迄今为止所练习的方法似乎都不起作用时，就停下来休息一下。给自己喘息的机会是一种十分必要的自我同情。不要硬抗，放松下来，向他人寻求理解、宽容和抚慰，帮助你平缓下来，整理好情绪重新面对困难。

👉 **练习 3-23：好好休息**

1. 当不好的情绪涌上心头，让你一时无法应付时，你需要花点时间看看眼下发生了什么，看看是什么事情对你的高阶大脑造成了冲击。
2. 找一个让你心安的人，向他求助，他能稳定你的情绪，以平和的心态给予你同情。他可以是你身边的人，也可以是你记忆中或印象中的人，甚至也可以是你想象中的人，比如那位关心你的朋友（见练习3-11）。
3. 在这个练习中，你什么都不用做，只需要感受从对方那里得到的安慰，让他用平静和富有同情心的关爱，抚平种种创伤，让你平静下来。
4. 将注意力回到情绪的平衡上来，或者至少记住这种淡定的感觉。数次练习之后，你很快就能掌握其中的要领。

情绪传染既有积极的一面，也有消极的一面。借助别人的稳定情绪可以帮助你恢复平静。

本章的练习可以帮助你驾驭自己的情绪波动，管理他人情绪对你的影响，引导你做出更有韧性、更加灵活妥善的反应和行为。

当你学会使用积极情绪（比如同情和感激），就可以将大脑功能从收缩和抗拒转变为开放和接受，同时通过正念共情和心智理论的练习，你可以强化稳定的神经回路，面对困难时很快恢复平静，时刻拥有幸福感受。你要学会相信自己，一定可以做到。

这些情绪智能的锻炼也为提升内在智能打下更好的基础。

04

第四章
内在智能练习

自我意识，自我接纳，建立内心的安全营垒

> 一个有趣的悖论是，当我接受了我自己本来的样子时，我就能改变了。
>
> ——卡尔·罗杰斯（Carl Rogers）

自我意识、自我接纳和对自己的无条件信任对于心理韧性来说至关重要。这些能力可以为你创造一个心灵港湾,也可以说是一个安全营垒,你可以有底气地应对生活中的所有困难。关注自己的内心时,你会感到安全、自在、平和、从容不迫地与外界打交道。当一些意外情况打乱你的步伐,即使不知道如何处理才是最佳选择,也会勇于尝试新事物,有承担风险的能力,因为你的安全营垒会让你随时都有路可退。

与大脑的其他能力一样,这种内在安全营垒的神经回路,在你幼儿时期与看护者之间的早期互动中就已经发展起来了。但是,在他人的鼓励和支持帮助下,我们仍然有机会对其进行修正。

> 心理韧性之根深深地扎在能共情、懂调谐、擅自律的人心里。
> ——戴安娜·福莎(Diana Fosha),《情绪的转变力量》(*The Transforming Power of Affect*)

孩提时期,我们首先学会的是通过感知他人情绪来调节我们的神经系统。现在我们依然需要他人对我们情绪的感知来管理情绪,好让消极情绪及时被抚慰,积极情绪进一步被强化。当我们体验到被真正接纳、重视、看到、听到和理解时,就会发展出健康的自我意识。当我们被内心所依赖的人接纳,从他们身上体会到自我价值感,这会让我们相信自己很重要,自己很强大。

> 我们本不相信自己。除非有人告诉我们,在我们内心深处的东西具有神圣的价值,值得被倾听,值得被信任,值得被拥抱,我们才能相信。一旦我们相信自己,就会敢好奇、敢探索、敢渴望、敢接受任何能揭示人类精神的挑战。
> ——E. E. 卡明斯(E. E. Cummings)

我们幼年时期被重视、被接受和被信任的体验,不仅能塑造健康的自我意识及内心的安全营垒,还能够促进前额皮质的成熟,推进儿童的身心成长发育。父母育儿的核心挑战是要接受孩子的本来面目，帮助他们建立内在的安全营垒；心智发育成熟的核心挑战是激发内心的安全基础，活出我们想要的样子。

> 成长过程中的转折点在于发现自己心中的力量核心，它能经受住所有的伤害。
> ——麦克斯·勒纳（Max Lerner），《未完成的国家》（*The Unfinished Country*）

更强大、真实的自我体验实际上是许多内在角色和方面整合而成的。例如，一个人的内心可能同时存在战斗者、游戏者、讨好者或批判者的身份，但这些都是亚人格，它们相依共存、相互作用，共同形成个体人格。正如之前学到的，你已经知道要及时重视和管理情绪，因为它们都是代表了重要事情正在发生的信号，同样，你也可以选择重视、整合、甚至拥抱自己的所有内心层面，将其视为自己不可分割的部分，当然也包括那些对心理韧性有破坏性的坏习惯。前额皮质会帮我们整合自我的各个角色，培养出真正的整体感，你会体验到，整合后的自我变得越来越强大、越来越灵活、越来越坚毅。

本章的练习可以帮助你增强自我意识和自我接纳，对内心安全营垒的可靠性和牢固性充满信任，还可以帮助你与内心的批评者或评判者达成一致与和解，这两种亚人格恰恰是你内心安全感的最大破坏者。你将学会如何将所有内在角色合理地整合到真实的自我中。

羞愧感与内心批判者

加强自我接纳和自我信任，经历痛苦之后迅速回归到平静状态，这是我们每天都可以练习的功课，最好让这种韧性变成永久的特质。要想扩大韧性范围，增强心理韧性，在我们被生活的波涛拍打得晕头转向时，能够快速恢复活力，这实际上需要我们终生练习。这就要求我们按照"小幅多频"的原则，长期不断地练习，才能保证可以随时抵御挫折，甚至可能能够预知和避免风险。

生活中，对自我接纳和自我信任的考验随时都可能发生。比如，偶然间从一些并不十分熟悉的人那里听到关于自己的负面评价，或者是因为以前或最近的经历而对自己产生强烈的厌恶感或抗拒感。我们也很容易受到来自内心批判者的影响，因为作为人类，我们普遍容易受到羞愧感的制约。

羞愧感就和愤怒、恐惧、悲伤、惊讶、高兴一样，是人类固有的情感之一。我们天生就需要安全感，渴望被爱、被信赖、被接受和被重视。这些需求其实无关自我，这是人类社会属性中的一部分。我们依靠来自他人的爱意和情感来体验自己的爱意和情感。我们需要归属感，需要感到自己在群体和世界中有一定的位置才会安心、舒适。当我们被他人拒绝或排斥时，比如吃了闭门羹、错失晋升机会、在同事面前受到批评，或在家庭聚会上遭到嘲讽时，就会激起与生俱来的羞愧感。

偶尔感觉到羞愧并不奇怪。所有的部落、宗族、文化和社会都必须教育他们的子女，让他们知道能够立足于世（起码是苟活于世）的行为准则，以及如何能够让自己在群体中受到喜爱和保护。如果我们从周围的人，尤其是我们十分倚重的人那里听到，我们的行为让他们失望，或者令他们感到反感时，我们就会感到羞愧。

但是，我们要知道，每个人都不可能做到完美，我们永远无法同时取悦自己和所有人。当我们觉得自己做错了，就会感到羞愧。

这种错误或不舒服的感觉很容易内化，导致我们开始过分关注他人对自己的评价，开始倾听并相信内心批判者的声音。人生在世，每一个人都很容易受到来自内心批判者那些刺耳论调的伤害。

我的客户当中，大部分都是因为羞愧感过重、无法快乐生活而来接受治疗的。研讨会大部分参与者最感兴趣的也是这个问题，同样，在我关于恢复心理韧性的博客文章中，得到回应最多的也是这个话题。

羞愧感是巨大的绝缘体，内心批判者是它无情的信使。现在，你可以学着通过自我意识、自我同情、自我接纳、自我欣赏和自我关爱来抵消羞愧感和内心批判者的影响。

只要这种自我关注的行为——强调自己值得被在乎，值得被尊重——就可以帮助你从深层大脑上剔除那些毫无价值的执念。

——以利沙·戈德斯坦（Elisha Goldstein）

建立新制约

学习整合自己内心里包括负面的批判者在内的不同角色,需要引导自己的神经可塑性,在加深自我意识和自我接受的基础上,与自己发展出一种健康的新关系。我们可以利用前额皮质的整合能力,将所有这些内在的角色和声音形成一个连贯而善于应变的内心安全营垒,帮助我们进一步修复情绪、建立新制约。

第一级:应对小风浪

如果你对自己的长处非常了解,并且想要鼓起勇气、充满怜爱地接受自己,那么很不错,这些练习会进一步加深你对自己能力和心理韧性的信心。你可以从自己已经拥有或渴望拥有的核心优势和核心价值入手,来完善心中的安全营垒,同时对那些你不太满意的部分开始新的制约。

👉 **练习 4-1:识别你的心理韧性特质**

1. 从下面的列表中,找出 5 个你认为自己拥有的特质,或者写出你的其他特质。

有责任心	精力集中	有耐心
容易相处	宽容	有毅力
冷静	亲切	目光长远
有活力	节俭	童心未泯
目标明确	慷慨	谨慎
坚守承诺	懂得感恩	意志坚强
有同情心	幸福感强	可靠
遇事镇静	诚实	足智多谋
自信	谦逊	尊重他人
善于沟通	理想主义	互动性强
合作	想象力丰富	有威望
勇气	勤奋	自我认同
礼貌	快乐	自我意识
创造力	仁慈	自我同情

富于好奇心	有知识	无私
可靠	有爱心	真诚
善于决断	忠诚	自发性
有洞察力	宽宏大量	体贴
守纪律	悲天悯人	忍耐
热情	虚心	平和
沉着	心胸开阔	信任
公正	乐观	热心
反应灵活	有组织能力	

2. 对于你的每一个特质，写下能够体现它们的 3 个特定记忆。比如，你对同事、邻居或兄弟都很大方，总是慷慨地给予帮助；比如你总是很谨慎，从不拖欠水电费、开车从不超速、总会提前给汽车加满油等。对于每一个例子，认真确认你确实展现出了那个特质。

3. 当你为选择的每一个特征都写好 3 段回忆之后，先把它们放在一边，过几个小时或几天，再重新读一遍。

4. 当你重读这些关于自己心理韧性的回忆时，注意你对自己看法有没有什么改变。你确实拥有这些特质吗？它们确实是你不可或缺的一部分吗？这些特质是否帮助你建立起了内心的安全营垒？如果答案并不确定，那么再重复 1–3 的步骤，直到你觉得所选择出的特质都准确、有效。

5. 思考一下这 5 个特质是如何相互提升的，同时强化你内心的安全营垒，加深你对自己的信任。

在体验并确定自己的韧性特质的过程中，你会更加深信它们是属于你真正自我的一部分。

练习 4–2：深入倾听核心优势

被他人接受，是我们开始自我接受的基础，也是心理韧性中十分必要的部分。花 30 分钟的时间做这个练习，你需要这么长的时间来深化练习、学习和调整。

1. 找一个伙伴和你一起做这个练习，身边的朋友或同事都是不错的选择。愿意的话，练习中你们也可以互换角色。

2. 告诉你的伙伴你想先探索 5 个心理韧性特质中的哪一个。

3. 对于每一个特质，首先请你的伙伴发问："在遇到困难的时候，这个特质如何帮助了你？"请对方安静地听你回答。

4. 用真实的事例来回答这个问题。如果在练习 4–1 中写下的事例合适，你也可以讲给他听。

5. 请对方接受你的回答，先不要发表评论。然后请他再次提出同样的问题，你可以继续举出其他的例子，回答过程大概可持续 5 分钟。这种重复可以让你的大脑进入更深层的记忆，激活你的智慧细胞。

6. 当你回答完关于第一个特质的问题后，再让伙伴就下一个特质提问。

7. 对这 5 个特质依次开展这个练习，让你的伙伴反复提问，并且安静地倾听你的回答。

8. 当你对这 5 个特质都做出回答后，再花 5 分钟静观并感受你对自己的看法有没有变化，有没有更深层次地整合感受，对自己内心的安全营垒有没有更强烈的感知。

通过回忆关于韧性特质的案例，可以帮助你强化一种感觉，让你对真实的自我有进一步的准确觉知。

大多数时候，我们在一天中收到的正面信息远远多于负面信息。当你为别人开门时，对方会向你致谢；当你差点绊倒又勉强恢复平衡时，别人会夸赞你身手敏捷；与陌生人擦肩而过，相视的瞬间会友好一笑；有时偶遇的小狗会温顺地任你抚摸。

问题是，我们很容易沉浸在自己的担忧中，丝毫没有留意或接收到这些积极的信号，忘了从这些信息中体会自我认知以及被尊重和被重视的感觉。其实这些信息的每一个都对大脑自我接受的形成有所助益。

👉 练习 4–3：记住美好

在练习 3–10 中，我们学会了从他人的善意或对生活的敬畏中汲取快乐。在这个练习中，我们还将学会接受和珍惜自己的善念。

1. 停下来想一想，你今天遇到多少来自他人的接纳和善意信息。比如，过马路时，5 岁的孩子主动牵起你的手；邻居从他的花园里摘了一些西红柿送给你品尝；朋友发来一封邮件，述说对你的挂念并邀请你共进午餐。

2. 留意自己收到这些信息时的感觉：身体里涌动着暖流，内心轻松快乐，情不自禁地感叹"这种感觉真不错"。

3. 将意识集中到这种感觉上，停留 10 到 30 秒。慢慢品味，让你的大脑有时间记录下这种体验，并储存在长期记忆中。

4. 今天再回想这些温暖的片段 5 次。这会刺激大脑的神经元重复放电，来记录这些时刻，这样你以后就可以随时调取这些记忆，使它们成为自我归属感和自我价值感的心理资源，使内心的安全营垒更加坚强有力。

当你体验并记住这些感受时，也可以体会学习做到这一点的过程，这会让你变得有能力，可以在大脑中创造新的韧性神经回路。

👉 练习 4-4：使用韧性特征的信物

你可以利用你的成长和学习来促进大脑刷新和加强与这些变化相关的神经回路。

1. 你这 5 种特征中的每一种，都可能随着时间的推移而变化，于是你就需要收集能够唤起这种特质的信物。它们可能是：
   - 一张你和爱人的照片。
   - 一张旅行时买的明信片，在那次旅行中，你变通灵活，对一切都得心应手。
   - 一块刻着与那个韧性特征相关词语的石头。
   - 一张城市议会的议程单，那次会议上你沉着冷静，对一个重要的社区问题侃侃而谈。

2. 把这些带有象征意义的信物收集在盒子、罐子或袋子里，也可以把它们摆放在窗台、书架、橱柜或书桌上。甚至也可以给每件物品贴上"我的韧性信物"的标签。

3. 在一个月内，每天重复欣赏这些精心挑选的物品。一个月后，每当你需要勇气，让自己成为一个稳定、安全、有韧性的人时，都可以好好看看它们。

坚持"小幅多频"的练习，会建立并强化新的神经回路。这不会改变旧回路，但能够为创造新回路打下良好的基础。

第二级：应对困顿和心痛，悲伤和挣扎

如果没有人真心喜爱和疼惜我们本来的样子，我们有时就会将那些我们认为自己不可爱的部分或者被别人批评诟病的部分隐藏或剥离开来，而我们的大脑需要付出大量的能量和努力来完成这一点。

但是，如果我们能认识到自己这些"不可爱"的部分，并且真诚接纳自己的不完美，将它们重新纳入自我认知当中，我们就能释放出大脑的能量，让自己更好地融入世界，在面对困难挑战时更加张弛有度。

👉 **练习 4–5：从别人眼中看到自己的美好**

当你觉得自己不够好时，这个练习可以帮助你治愈这种感觉。

1. 找一个至少 5 分钟内不会被打扰的地方，舒服地坐好。轻轻闭眼，专注于呼吸的节律，沉浸在当下，安静地放松。准备好以后，去感受此刻对自己的认知。你善意地看待自己吗？你对自己感到不满意吗？你总是用批判的眼光审视自己吗？只要去感受就好，只要感觉到并接受现实，而无须评判——如果你发现自己又在不自觉地评判，也只是意识到这一点就可以，无须尝试去改正。

2. 接下来，在脑海中想着一位在你生命中无条件地深爱你的人，他是世上最让你心安的人。他可以是你的伴侣、父母或孩子，也可以是老师或亲友，它甚至可以是可爱的宠物狗或猫。他可以是一个精神人物——上帝或佛祖，也可以是你安全营垒中那位关心你的朋友。他也可以是你记忆中的人，在世的也好，不在世的也好，但是你知道那个人曾经发自内心地疼爱真实的你。偶尔我也有些客户坚持说，从来没有人绝对地爱过他们，我就让他们用想象虚构一个人物，这个人在我们的大脑中可以和真人一样生动、鲜活，我们就可以继续下去。

3. 想象这个人和你面对面坐着。想象对方用接纳、温柔、关爱和喜悦的眼神看着你。感受对方的爱意，感受他们对你真实、无条件地接纳。你无须藏拙，在对方眼中，你的一切都值得珍惜。

4. 现在，想象你变成了对方，通过他的眼睛看你自己。感受他对你的疼爱和坦诚，从他人眼中看到自己的善良和完整。享受一下这种对自己的重新认识，感受自己的美好。

5. 现在做回你自己。你又回到自己的身体里，再次体验另一个人带着善意和接纳看着你，再把这份善意和接纳深深刻进自己心里。看看你身体的哪个部分对这种善意和接纳有所回应，是嘴角一抹不由自主地微笑？还是内心涌动无法克制的暖流？尽情享受吧。

6. 花一点时间来反思这个过程，体会你与真实自我之间的关系是否有了改善。

这个练习可以帮助你在大脑中建立自我接纳的新回路，你可以在任何需要的时候，运用它找回安全感。

👉 练习 4-6：接纳不完美

这个练习不仅可以帮助你看到并整合从别人眼中发现的美好，还可以让你正视并接纳那些你心中秘不示人或不愿面对的不完美。这个过程会释放巨大的精神能量，之前你一直用这些能量来隐藏或剥离自己不美好的部分，如今得到释放，你的大脑就不会那么疲劳。这些能量也可以帮助你清除之前隐忍造成的混乱和对心理韧性的破坏，这样你就可以更轻松地去拥抱生活。

当你意识到内心各个角色的声音，并且能够宽容地接纳它们时，更强大、更明智的自我（见下面的练习 4-15）就可以管理它们，哪怕这些声音再怎么吵吵嚷嚷都不会让你失控。

1. 找一个在 5 到 10 分钟内不会被打扰的地方坐下。关注当下，尽量激活自己内心的安全营垒，保持应变、稳定、开放又灵活。

2. 仔细阅读这份清单，上面所列都是通常意义的消极特质，找出自己与这些特质相关的内心感受，以及可能破坏心理韧性的相关信号。这张清单并不详尽，每周我对客户进行心理疏导或参加研讨会时，都会补充到新的消极特质。

特质	表现	信号
放弃	气馁	这太难了，算了，我不可能做到
发牢骚	坏脾气	生活一团糟，没有希望
抱怨	哭诉	我不喜欢这个，我很不开心
苛刻	顽固	我不同意，谁也不能勉强我
爱批评	吹毛求疵	你以为你是谁？
缺乏自信	没有勇气	宁可不做，也不想失败
缺乏行动力	拖延症	别急，我明天再想办法
害羞	退缩	不参与就不会出糗
伪装	不切实际	若是能……就好了

3. 从这份清单中找出一项与你相关的特质。虽然你也希望不具备这个特质，但你知道它确实存在于你的内心。你也可以自己列出清单里没有的特质；如果你自己添加，请确定这个特质的表现和信号是什么。

4. 当你反思这个特质时，留意你的神经系统有什么反应或者对你的情绪状况有什么影响。如果这些情绪来势汹汹，你可能需要使用第二章和第三章中的练习，让你回到身体和情绪的平衡状态。

5. 回忆一下，过去有哪一次具体经历，激发了你内心的消极特质。记住当时自己发出的信号，无论是清单中列出的还是没列出的都行。当这个消极特质被触发时，它是如何操纵你走向失控的？

6. 回想这段记忆，感受你现在对当时事件的感觉。就让这个特质和信号停留在你的意识中，不需要进一步的评判。事已至此，就是这样，总会有一个可以理解和原谅的原因。

7. 试着找出这个特质可能会对你产生的积极贡献，比如让你更加看清自我。即使找不出也不必担心，本章的其他练习会帮助你逐渐找到。如果你能找到这个消极特质的积极方面，你可以对它的贡献表达感激之情。

8. 当你能够勇敢承认并允许这一特质及其信号就是你自我意识的一部分时，可以再继续回想关于它的其他记忆，再次进行练习。或者对清单上的其他消极特征重复练习也可以，几项特征一起做也没有关系。

9. 观察并反思你在这项练习中的体验。告诉自己，你有不断完善自我的能力，能够从容承认并接受内心的各种声音,接受原本不完美的自己。这是接受并整合自我意识、恢复心理韧性和找回幸福感的重要一步。

整合是前额皮质的主要功能之一,通过整合,大脑可以释放出大量的精神能量,使你能够朝着更顺畅、更具韧性的自我感觉前进。在这种情况下,无论你内心的声音多么嘈杂、多么纷乱,前额皮质都可以稳稳地为你掌控大局。

☞ 练习4-7:找到真实自我的另一半

> 啊,真是欣慰,和一个全然信赖的人在一起,是一种无法言传的快慰——你不用挖空心思,也不用前思后想,就把你心里所有的感受原原本本地一吐为快,无论好坏他都照单全收。我可以相信,他会用温柔的手,把那些值得珍藏的为我留下,然后充满怜爱地帮我把糟粕都吹走。
>
> ——黛娜·克雷克 (Dinah Craik),《真正的活法》(A Life for a Life)

当有人能包容你的全部,你也学会真心接纳自己时,你的整个自我就会凝结、生长,开出美丽的生命之花。在你最信赖之人的帮助下,你可以重新调整神经回路,这无疑是实现自我接纳最有效、最可靠的途径。

真正的另一半是这样的一个人:他能看到你所有的美好,全盘接受你本来的样子,哪怕你的优点并不明显,他也能敏锐地捕捉关于你的一切。他通常是你身边的人,比如父母、配偶或孩子,也可能是其他人,因为每个人的家庭状况都不同,也不见得每个家庭都完美。然而幸运的是,家庭外的人,像是朋友、老师、教练、治疗师或导师,也可以扮演我们真正的另一半。在练习5-2中我们将探讨"会面时刻",即使是陌生人也可以扮演真正的另一半。

1. 找一位可信的朋友帮你做这项练习,他会让你感到放松和舒适。他应该是一个同理心强、善于调谐、沉着冷静的人,既能够帮助你完成练习,又不会自身情绪起伏,反过来需要你的安抚。
2. 与对方建立安全感和信任感。这种安全感可以为大脑神经可塑性提供学习和重启的基础。

3. 选择你在练习4-6中确定的一个消极特质,或者你想改变的任何其他特质。

4. 与你的伙伴分享你对这种特质的体验、与之相关的自心剖白和表现信号。将一切感受都告诉他,如果可能,不妨也倾诉一下心理不愿意与他人分享的秘密和细节。这个练习是要让这些特质能够走出阴影,进入你的意识层,得到被正视和被接纳的机会。

5. 请你的朋友安静、认真地倾听,先不要过多评论。

6. 体会自己在分享过程中被人倾听、被人理解的感受,看看自己是否对坦承和接受自己的弱点抱有开放的态度。

7. 分享之后,花一点时间来反思整个练习过程,体会你对这个消极特质和与自我认同度的关系有没有发生转变。

8. 你也可以针对自己的任何特质(内心的任何层面)与他人进行这个练习。

这个练习可以帮助你建立内心的安全营垒,加强你对自己的安全依恋,让你更好地融入和适应这个世界。

👉 **练习4-8:包容不完美**

大约2600年前,佛陀教导他的追随者要慈悲修行,无论什么情况下,哪怕是在逆境和苦难中,也要用怜悯仁爱之心去面对。这种理念会让我们看到并尊重芸芸众生中每一个人的独特和价值。我们可以学会无论对他人或自己的看法如何,都心存善念,包括接纳和善待我们自己。

这项充满善意和接纳的练习会打断你脑海中自动产生的想法和观点,并将你的注意力重新集中起来,好让你的头脑和心灵对当前发生的事情保持开放态度。

1. 在一天中找一个空闲的时间,安静地独处,把这些话说给自己听:
   愿我免受内外的伤害,
   愿我享受幸福和满足,
   祝我的身心健康舒爽,
   愿我生活得安逸自在。

2. 将这些话重复5到10次,每天做5次,坚持1周或更长时间。

3. 随着练习的深入,感受自己能量和情绪的变化。你可能觉得在练习这些句子时没有出现什么反应,但是你可能会发现,那些以前可能让你感到羞愧或崩溃的事件，现在几乎都想不起来了。留意自己在继续练习的过程中，这种趋势是不是越来越强。

4. 你也可以调整练习中的句子，专门针对自己的某些部分表达善意，你要相信自己的一切都值得被爱和关注。

　　愿我爱发牢骚的特质得到安慰和放松，

　　愿我的倔强被人理解和包容，

　　愿我的内心批判者得到正面的回应，

　　愿我的脆弱能够感受到能力和力量的增长，

　　愿我的恐惧找到安全感的依靠，能够勇敢面对一切，

　　愿我内心的拖延者相信现在就可以开始行动。

　　愿我内心的空想飘然远去，让我现实地享受这一刻。

5. 根据你的需要修改这些句子，可以让你的思想和心灵保持专注和开放。除了学习如何建立新制约，你也在学习"我做得到"这种感觉。

　　我向一位客户建议了这种做法，并附上了这些最新的句子。经过练习，她也切实体验到了自己的变化。一个周末，她的电脑突然故障，她不仅没有陷入歇斯底里的崩溃，而且非常理智地应对了突发状况，她兴高采烈地跟我说："我长出了新的神经元！我长出了新的神经元！"的确，正是如此。

第三级：应对生命不可承受之痛

　　在这个新的制约下，你正在学习将你的整个思辨立场转向内心批判者（参见羞愧感与内心批判者，第88页）。从长远来看，这种转变是应对内心批评的最有效方式。

　　改变你与内心批判者之间关系的最有效的方法就是理解并相信它的重要性——这可以保护你在别人面前避免犯错和出糗、被别人羞辱或拒绝。它会不断鞭策你，要求你做得更好，不要把事情搞砸，虽然有些人能合理把控这种鞭策，也有一些人则会因此承受巨大的压力。内心批判者往往带着过度的热忱，无休止地提醒你留意并避免每一处疏漏和失误，同时，它带来的负面效应是，它会苛刻地把每一个错误都归咎于你，给你贴上不能信任、不负责任、一文不值的标签。当你倾听并相信内心批判者所传递的信息，你就无法正确地面对它，任由它在你的内心疯狂肆虐，把你的好情绪毁得片甲不留。

如果你想与内心批判者争论，试图说服它相信你的价值，却是行不通的。因为每个人总会有一些不完美的地方，它恰恰会抓住这一点来证明你错了。但是不管怎样，你的目标是接受自己的不完美，将其视为自己独特人格的一部分。内心批判者十分活跃，你无法忽视它，它也永远不会自行消失，因为它认为自己的努力对你的生存来说至关重要。试图忽视这一点需要耗费大量的心理能量。

所以，有效的方法是让它休息，改变自己的观点，重新构建你对它的看法，认同它是让你变得强大的一部分内因——这是反应灵活性的黄金定律。你可以像处理其他消极情绪一样处理内心批判者释放的信号，比如跟它说："感谢你提醒我，让我关注一些重要的事情，我会注意的。现在请你回到自己的区域，安静下来。"

当你选择把内心批判者当作你自己真实的一部分，它就会安定下来向你倾诉，你也可以仔细倾听，与它达成温柔的和解。

👉 练习4-9：与内心批判者会面

1. 找一个舒适的地方安顿下来，保证30分钟内不会被打扰。
2. 想象你的内心批判者是你多重自我中的一个角色，就像练习4-6中想象到自己的不同层面一样。想象与他会面，就像练习3-11中与那位关心你的朋友会面一样。而且，你还可以邀请那位朋友过来陪伴你。
3. 把内心批判者想象成一个具体的人物，想象他是谁或者长什么样。想象一下和他在哪里见面、如何打招呼，以及是坐下谈还是边走边聊。但你要记住，你是这次会面的主导者。
4. 开始对话时，首先承认你知道内心批判者一直在努力保护你，使你远离那些它认为有害的行为和事件。你可以设定一些指导方针：你并不是邀请它继续肆无忌惮地表态，而只是要表达你对它的理解、感激，或者对它一直以来恪尽职责的抚慰。
5. 当你向内心批判者表达感激之情时，也感受一下完整的自己，感受一下这种保护自己免受伤害的能力。让内心感受到坚强的力量，相信自己的心理韧性现在很强大，足以保护自己，同时让你的内心批判者知道，你也希望它能足够信任你。告诉它，现在可以休息了，十分感谢它曾经的付出。
6. 想象一下，你的内心批判者接受了你的抚慰，也给予你足够信任。尽情地想想看！这种想象对你的大脑来说是真实的。你的内心批判者默认了你与它的新关系，默认了它作为内心顾问的新角色。
7. 现在要和你的内心批判者说再见了。细细品味你转变观点的技巧，重建你与内心批判者的关系，让它成为一个可靠的新角色。
8. 你可以在需要的时候重复这个练习，想做多少次都可以。让内心批判者休息是你最可行的选择。

实际上，内心批判者可能永远不会完全消失，因为这是我们根深蒂固的生存策略的一部分。但是你可以改变你和它的关系，不要太在意它聒噪的声音。随着时间的推移，内心批判者的声音会被压制。虽然有时候，它可能仍然让人恼火，但已经不会再对你的心理韧性造成什么破坏了。

重新制约

每当羞愧感袭来，或是生活给你一记重击，动摇了你内心的安全营垒，你就要尽快将它稳定下来。也许别人或者你自己的内心批判者传递的信息有一定道理，但你要保证是从一个充满力量和自信的角度，而不是一个羞愧和自我怀疑的角度去探索学习的机会（也可能是一次纠结的成长机会）。

第一级：应对小风浪

建立一个内心安全营垒是我们免受压力、创伤和精神疾病侵害的最佳保护方式，你要时刻留意，及时修补、好好维持这个安全营垒。

☞ **练习 4-10：把善意和赞赏随身携带**

1. 从生日贺卡、节日贺卡、朋友和同事发来的电子邮件，以及你与朋友的交谈中收集他们对你的称赞和感谢。把它们写在"真诚赞赏"清单上。
2. 你还可以请三五个甚至更多的亲密朋友，让他们给你发邮件、写卡片或发短信，列出两三件他们对你心存赞扬的事，将这些评价也添加到清单中。
3. 把这些评价写在一张纸上，贴在你的电脑显示器上或浴室的镜子上，也可以把它放在你的背包或钱包里，或者输入你的手机。总之，把它放在你每天都能读到的地方。

4. 每天看3次这些评价，坚持30天。每次你读到它们的时候，花30秒去体会从那些了解你和关心你的人那里得到支持和感激的美妙感受。不断地接受别人对你赞赏，也会在你的大脑中创造出新的自我欣赏方式。
5. 当你感到羞愧、挫败、失望、无力，自我怀疑或不被认同的感受威胁到内心的自我接纳时，别忘了拿出这张清单，读一读，或者背一背，它可以帮助你对抗那些可能出现的消极情绪。

这个练习可以训练你的大脑，在需要时迅速转换方向，将注意力集中到对你的积极评价上来，以应对任何因羞愧感而导致的心理韧性崩盘。这种反应灵活性会成为你大脑中更懂应变的全新神经回路。

第二级：应对困顿和心痛，悲伤和挣扎

如果有时间，你可以回顾一下之前关于羞愧感和内心批判者的讨论。当你遭遇羞愧感爆发或者被喋喋不休的内心批判者逼得无处可逃时，最重要的一点是，你要尽快调整情绪，坚强自己的意志，强化自我接受和认同，以防心理韧性进一步受损。

👉 练习 4-11：无论任何情况都要接纳并喜爱自己

1. 练习说这句话："即使……（你会根据自己的困境补全这句话），我也深深地、完全地接纳并喜爱我自己。"反复对自己说这句话，直到你感觉自然又可信。你正在创造积极的信息，以后还可以用它来重塑消极信息。一开始说这句话可能会让你觉得不自然，但在练习中会感觉越来越熟悉和舒适。如果觉得"我也深深地、完全地接纳并喜爱我自己"有点说不出口，可以换成"我也愿意尝试去接纳和喜爱我自己"。
2. 当你可以对这些积极的句子信手拈来的时候，就可以把它们用在当前或之前的消极情绪上。还是和以前一样，从小事开始改变！"尽管我忘了给珍妮特和唐发邮件，告诉他们周六晚餐计划有变，我也深深地、完全地接纳并喜爱我自己。""尽管珍妮特和唐都忘了给我发邮件告诉我周六晚餐计划有变，弄得我十分尴尬，我也深深地、完全地接纳并喜爱我自己。""尽管老板并不赞成我提出在停车场贴上提示标志的想法，我也深深地、完全地

接纳并喜爱我自己。""尽管比尔对我今天管教乔治的方法十分不认同,我也深深地、完全地接纳并喜爱我自己。"看,你已经掌握了练习的要点,尽管使用起来吧。

这个练习会训练大脑对负面信息进行反应和调整,同时防止任何新的消极情绪出现。

👉 练习4-12:化敌为友

你可能会发现,某种你年轻时无法忍受的食物现在却成了你的最爱(对我来说是腌鲱鱼),或者是某种曾经让你发疯的音乐,现在却觉得它很悦耳迷人,越来越喜欢了。同样地,当我们变得成熟坚韧时,我们曾经鄙视、忽略或为之感到羞耻的那部分自我也会开始占据它们应有的位置。虽然我们不接受它们的掌控,但还是可以接受它们带来的礼物。

1. 找出一个你想要调谐的特质,可以是你在练习4-6中探索过的,也可以是列表上的另一个,或者是列表之外的其他特质都没关系。
2. 开始想象这个特质可能带来的礼物吧。比如你的懒惰会让你远离那些你真的不想参与但又不知道如何拒绝的项目或活动;你的固执会让别人在提出计划之前先去了解一下你的想法和需求;你的内心批判者会帮你被别人挑剔之前就规范好自己的行为;你的胆小会让你保持一种合理的谦卑;你的爱幻想会让你拥有天马行空的创造力。继续发挥想象力,找到自己的负面特质带给你的礼物。
3. 如果这对你来说有点困难,找一个朋友和你一起进行头脑风暴。
   - 与朋友分享你对这项特质的担忧。
   - 和他一起想出10种这个特质可能的好处或贡献——不光是对你自己,对别人有益的也可以。
   - 从这10种好处中,找出一个可能与你相关的。看看你能否想起一个这个特质使你受益的时刻。
   - 感谢你的朋友帮助你看到新的可能性。
4. 现在,请记住,在某个特定的情境下,这种特质确实是一种天赋,有时能够积极地支撑你的心理韧性。例如，当保险公司拒绝给你车祸理赔时，你的固执就可能帮助你达成目标。你坚持不懈地与主管、经理和办事员争论、辩解，说到脸红脖子粗也不想放弃，终于得到了应有的赔偿。经过这个过程，你可以把这种特质由固执重新定义为坚持。你还可以把这段记忆写下来，放在"我的心理韧性标志清单"中。

认识到自己的负面特质带来的礼物，可以从根本上改变你对这些特质的整体看法、加深对它们的理解，然后进一步改善和它们的关系。现在你可以运用它们来增强你的心理韧性，让自己柔韧又顽强。

👉 练习 4-13：筛选和转换心理特质

1. 花一整天（或更长时间）来梳理你的特质，也可以通过一个内心想法或习惯性行为来审视自己。
2. 记下所有这些特质，比如乐观、沮丧、开放、活泼、易怒等等，无论你认为它们是积极的还是消极的，无论你与它们的关系是正面的还是负面的，只要记下来就好。
3. 回忆每种特质每一次爆发和持续的时间，是很短暂还是稍微长久。
4. 留意这些特质是如何自行变化的，为何引起又如何消退。注意是否有某一种特质在很长时间内占据主导地位。
5. 练习有意识地从一个特质转换到另一个特质。这种转换的目的不是要否认或压制哪一种，也不是抵御或鄙视哪一种，而是要学会辨别自己的不同特质并做出改变。
6. 反复练习几次，留意自己出现的特质，如果你愿意的话，可以改变它。

每种特质都可以在我们内心自由来去，也可以由自己来改变。这个练习会增强前额皮质的灵活性，这样你就不会被某一种特质占据太长时间，你自己完全可以掌控它们，选择回到更强大、更完整的自我。

第三级：应对生命不可承受之痛

重新制约的方法可以修复我们与这些顽固死板的特质之间的关系，这些特质往往是破坏我们内心安全营垒的主要原因。通过练习，我们可以加强反应灵活性、提高前额皮质的功能，达到重塑神经回路的目的。在这个过程中，我们需要细心、共情、忍耐地坚持下去。

你应该努力多久？直到成功。

——吉米·罗恩（Jim Rohn）

练习 4-14：写一封充满同情的信让内心批判者休息

现在可以开始了。在这个练习中，你需要用前额皮质的注意力来改变你与内心批判者的关系，而它就是你内心安全营垒最强大的破坏者。

1. 找出一条你时常会从内心批判者那里接收的消极信息，比如："你真懒！"或者"你最近胖得不像样子！"把这些差评写下来，还有内心批判者说这些话时的语气，比如严厉、愤怒或唠叨。然后写下当你收到这些信息时自己的神经系统感觉如何，比如紧张或畏缩。

2. 给你信任的朋友写封信，可以是真正的朋友，也可以是想象中的朋友，因为这封信并不是真的要寄出。向你的朋友倾诉在生活中通常什么情况会引发内心批判者对你恶语相向，与他分享你听到这些差评和语气时的反应，包括身体的感觉、心里的感觉和念头。

3. 如果你对内心批判者所说的情况表示认同并且有一些担忧，不妨也一起写出来。

4. 当你与内心批判者抗衡时，请你的朋友给你理解和支持。

5. 把这封信放在一边。开始写第二封信，这一次是模拟你的朋友写给你的，表达完全的理解和支持。

6. 让朋友表达他们对你承受批判之苦的同情，他们对你的体验感同身受。请他们再次确认你有许多优点，也完全有能力来妥善处理你的内心批判者提出的质疑和抱怨，你也可以采取行动来改善这种关系。

7. 让朋友向你表达欣赏和接纳，他们喜爱你本来的样子，不管内心批判者说什么，你不需要因为它的咄咄逼人而失落和脆弱。

8. 在信的结尾，写下朋友对你的真诚祝愿，希望你能在世间找到自己完整、安全、舒适的立足之地，依靠力量和优点搭建内心的安全营垒。同时也要写出他们对你的真诚希望，愿你不再轻信内心批判者的负面言语，也不要被这些信息所困扰。

9. 把第二封信也放在一边。几个小时或几天后，重读朋友写给你的信。通过这封信，你可以深刻地自我理解、自我同情。让这种理解和同情改变你对自己的看法，同时改善你与内心批判者的关系。

尽可能多地练习，尽可能多地处理来自内心批判者的只言片语，防止消极信息扰乱你的心理韧性，甚至占用过多的注意力。当这些负面信息变得不那么频繁和难以接受，你就会有更多闲情逸致来感受世界的美好，让你的安全营垒愈加坚固。

解除旧制约

你可能没有想过要用想象力去应对现实生活中的失望、困境甚至灾难，所以我要在这里重申，任何你想象到的，对大脑来说都是真实的。（这也正是为什么你的恐惧和担忧等情绪会如此麻烦。）

现在，我们要练习运用想象力在神经回路中安置可靠的资源，这样在你需要支撑的时候，就能随时找到心灵的依靠。

第一级：应对小风浪

在这本书中，我一直强调我们需要反应灵活性，也就是说，能够转变态度和视角，以不同于以往的方式应对糟糕的环境或情绪。下面两个练习虽然是利用了想象力，但是仍然可以培养我们的反应灵活性，更重要的是，要在反应的灵活性和稳定性之间取得平衡，在不断获取新的心理资源的同时，依然要巩固内心的安全营垒。

👉 **练习4-15：培养更明智的自我**

如今，在许多帮助人们增强心理韧性的治疗和辅导方案中，培养更明智的自我意识都是必要的一项。更明智的自我是我们想象出来的人物，他的身上被赋予了能带来更多心理韧性和幸福感觉的积极品质，比如智慧、勇气、耐心和毅力。这个更明智的自我是一个真正关心你的人，他无条件地理解你、支持你，引导你改变和成长。他的原型可能来自许多帮助过你的人，可能是儿时榜样、心灵导师或是某个捐助者。他也可以是你期待的5年或10年后，当你实现人生抱负，拥有力量、能力和权势时，自己意气风发的模样。无论这个想象中的人物是什么样子，你都可以在面临棘手问题时向这个更明智的自我求教，倾听来自你直觉智慧的答案。

这个练习的开始几步和第三章中"约见关心你的朋友"练习很相似，也是一个类似的过程，但会创造出不同的精神资源。

1. 找一个舒适的位置安静地坐着。轻轻闭上眼睛，深呼吸几次，关注你的身体。放松呼吸，进入一种温柔的舒适状态。

2. 准备好之后，想象你在安全营垒当中，那是一个你感到舒适、安全、放松和愉悦的地方。它可以是家里的一个房间，树林里的一个小木屋，池塘或湖边的一块草地，或者和朋友常去的一间咖啡馆。

3. 想象自己将迎接更明智的自我来访，他是更年长、更睿智、更坚强的自己，是一个拥有并能妥善驾驭你渴望的所有品质的人。

4. 当这位更明智的自我到达你的安全营垒，想象一下这个人物的细节。观察他的年龄、穿着和仪态。想象你要如何打招呼。是出门去迎接吗？还是邀请他进来？你们见面时是握手、鞠躬还是拥抱？

5. 想象自己坐下来，与更明智的自我交谈，或者一起出去散散步。体会他们的存在和气场对你身心的影响。

6. 然后，在想象中开始和他对话。你可以问问更明智的自我，他是如何才像这样成熟稳重、坚强自信的，问问他一路走来什么事情对他们帮助最大，又遇到过哪些阻碍，向他请教一些某个时刻如何战胜逆境的例子。

7. 你也可以选择询问自己所面临的具体问题或困难。仔细倾听他们的回答。注意更明智的自我提供了哪些建议，记住他说的每一句话，寻求解决方法。

8. 想象一下自己也变得如此明智会是什么样子。尝试与更明智的自我融为一体，认真体验成为更智慧的自我是什么感觉。在这之后，想象更明智的自我再次与你分离。

9. 想象他给你留下一件礼物，比如一件东西、一个符号、一句暗号，作为这次会面的纪念。把这件礼物拿在手里，或者放进衣服里妥善保管。更明智的自我还会告诉你他的名字，请把它记住。

10. 当更明智的自我准备离开时，做几次轻柔的深呼吸来加固你与他的连接。从此以后，你可以在任何需要的时候唤起这种与更明智的自我会面的体验。为你们一起度过的美好时光而向他致谢，温暖地道别。

11. 花点时间回想一下整个过程，看看自己有没有从中得到任何新的想法或转变。

12. 你可以把这次体验写下来，以便大脑把它整合到你的长期记忆中，这样当你的心理韧性受到冲击的时候，这些资源就可以随时为你所用。

就像那些利用想象力来获取深层直觉的认知一样，练习接触更明智的自我次数越多，你就越能在应对生活的麻烦和困难时体现出这种智慧。

练习 4-16：与自己的各个角色和谐相处

> 人生好比客栈，
>
> 每个早晨都有新的客人。
>
> 喜悦、沮丧、卑劣、一瞬间的觉悟，
>
> 都是意外的访客来临。
>
> 欢迎并热情招待每一位客人！
>
> 即使他们是一群悲伤之徒，
>
> 恣意破坏你的房屋，
>
> 搬空所有家具，
>
> 仍然要待之以礼，
>
> 因为他们可能会带来全新的喜悦，
>
> 涤净你心灵里的灰暗念头，羞耻或恶念。
>
> 在门口笑脸相迎，
>
> 邀请他们进来，
>
> 无论谁来，都要心存感激，
>
> 因为每一位客人，
>
> 都是由上天赐给我们的向导。
>
> ——贾拉鲁丁·鲁米 (Jalaluddin Rumi)，《客栈》(*The Guest House*)

现在你已经准备好利用更明智的自我开启的直觉智慧，将自己各个角色（不论是积极的还是消极的）提供的礼物整合在一起，呈现并接纳自己本来的样子。这个过程会让你内心的安全营垒变得更加稳定可靠。

1. 舒服地坐着。轻轻闭上眼睛，放松，体会内心的安全感。
2. 准备好以后，想象自己站在剧院外的人行道上。想象这座建筑的造型，留意四周的房屋和行走的路人。走到剧院大门前，推开门进入大厅。穿过空无一人的大厅，走到剧场门口。进入剧场内部，同样空无一人。一直走到第三排或第四排，坐到这排的中间位置。想象你眼前是一个空荡荡的舞台，四周一片寂静。
3. 继续拓展你的想象，会有一系列角色即将出现在舞台上，分别代表着更明智的自我和你内心的其他角色，你可以与他们对话。
4. 第一个走上舞台的是练习4-15中更明智的自我，他身上集中了你在练习4-1中确定的所有积极韧性特质。这位更明智的自我为这个练习中的所有其他角色上台营造了安全感的基础。前额皮质暂时不需要工作，它可以放松，好好享受这出戏就好。
5. 现在想象其他角色陆续走上舞台。每一个角色都体现了你内心的一个特质。每个角色都可由你认识的人来出演，可以是不同年龄段的自己，也可以是你从电影、历史书或文学作品中学到的人物，哪怕是动物形象或者卡通人物。
6. 第一个上场的是你最喜欢的一个特质。他完整地属于你，你为此感到十分自豪。让这个角色在舞台上停留一会儿，记住他（也许你可以用笔记下来都有谁出场了）。
7. 让第二个角色也上场，和第一个待在一起，他也是你的积极特质之一。想象他的样貌，记住他的名字。
8. 现在把第三个角色请到舞台上，这个角色代表了你自己不太喜欢的一种特质。事实上，你希望他不必属于你，但你知道他确实在你心中。也想象这个角色的样子，花点时间记住他。
9. 接着请出下一个角色，同样是你的另一个消极特质，也要观察并记住他。

109

10. 现在舞台上有 5 个角色，更明智的自我，两个你喜欢的，还有两个你不怎么喜欢，甚至是有点讨厌或鄙视的。你甚至可能希望最后两个角色不是你内心的一部分，但事实又无法否认。

11. 依次向每个角色提问，问他们作为你内心的一部分给你带来了什么特殊的礼物。先问你喜欢的角色，再问你不喜欢的角色。保持开放和包容的心态倾听每一个角色的答案。真诚感谢每一个人的回答，静静地思考，看看这些内容中有没有包含什么真理或智慧。

12. 问问更明智的自我，这些角色都会给你带来什么样的礼物。倾听他的回答，这些答案可能与角色给出的答案或你自己对这些角色的看法不同。

13. 感谢每个角色与你一起参与这次练习。目送他们陆续离开舞台，让更明智的自我最后谢幕。

14. 想象自己从座位上站起来，走上过道，穿过大厅，然后回到外面。回头看看发生这一切的剧院。然后慢慢地将注意力拉回现实。最后睁开眼睛。

15. 反思你在整个练习过程中的体验，看看自己有没有什么新的想法或变化。记住并接受这 5 个角色带给你的感受，尤其是那些你原本不太喜欢的角色带给你的反思。每个人都是你不可分割的一部分，对你的完整性至关重要。反思这个练习有助于你的大脑将这种体验融入长期记忆。

在这个练习中，你的大脑无须再压抑或割裂自己那些消极特质，而是让这些特质作为你完整自我的一部分被承认和接受，因此节省下大量的能量，这些能量现在可让你更好地正面成长、积极向阳。

第二级：应对困顿和心痛，悲伤和挣扎

当事情变得有点棘手，你需要更多的内在支撑力来应对时，你可以唤起那位真正自我的另一半，也可以运用想象的力量来创造更多的心理资源。

👉 **练习 4-17：唱歌给自己听**

朋友知道你唱的旋律，当你忘记歌词时，他会唱给你听。

——索莎娜·亚历山大（Shoshana Alexander）

朋友就是那个知道你过去经历，在你感到不堪重负、找不到回家的路时，会充当你坚实后盾的人。

1. 请一个可靠的朋友来帮助你做这个练习，最好是曾经和你一起经历过几次人生低谷，或者至少知道你以前是如何从低谷中艰难跋涉出来的人才行。

2. 和朋友一起将注意力集中在当下，让你们二人之间的连接唤起一种安全感和信任感。

3. 请他回忆或帮助你回忆以前成功克服困难、战胜自我、走出阴霾的时刻，有些可能你自己都忘记了。（这些记忆可能是你在练习3-14"我当然可以"中确定的时刻，不需要是巨大的成果，哪怕是小小的进步也无妨。）

4. 由一个记忆引出更多的记忆。在社交安全感当中，你的大脑可以转换到默认网络模式，开始探索相关的记忆，相信你自己就好。

5. 整理这些记忆中比较有代表性的事件，编写成你内心充满应对能力和韧性资源的"旋律"，让自己把这种能力作为应对挑战的核心部分。

随着一段记忆的恢复，大脑的默认网络模式可以开始启动，并触发其他记忆。即使这些记忆与你现在正面临的压力关系并不紧密，却仍然可以激发出你的胜任感和适应力，这能让你重新认识到自己是一个可以处理任何棘手问题的强者。

练习4-18：在内心想象好父母的模样

这种练习是一种经过改良的集体治疗形式，现在被称为心理剧疗法（psychodrama）。在这种治疗中，由团队成员帮助某人重新体验和改写过去与父母之间的关系，重塑那些曾经被父母疏忽、轻视或批评的旧情感制约或心理脚本。一名小组成员扮演原来父母的角色，另一个扮演着一位能与子女沟通、共情、回应需求的新父母角色，其他成员则根据需要扮演其他角色。在这个练习中，你可以在想象中完全重塑你想要修复的角色。如果你愿意，可以请朋友帮忙，也可以用家具、枕头或其他物品代替你想要唤起的角色。

1. 找一个10到20分钟不会被打扰的地方，安静地坐好。让意识进入当下，轻柔地深呼吸，让身体松弛下来。你可以将手放在心口，提醒自己带着一种善意和怜爱去体会过去的经历。

2. 唤起更明智的自我,请他在这个练习中充当一个见证人,他就像一面明镜,可以将你的感受关照到你自身。你也可以想象那位关心你的朋友(或者一个有象征意义的物体,比如一只枕头或一个可爱的胖玩偶)坐在你身边陪伴你做这个练习,他什么也不必做,只要静静地陪着你、支持你、安慰你就可以。

3. 你可以把周围的某一个物体(比如一把椅子或一盏台灯)想象成你想要重塑关系的长辈,比如你的父母、继父母、祖父母、叔叔或阿姨等,总之是那位曾经在你成长过程中将不被善待和不被重视的感受传递给你的人。与更明智的自我分享你内心的感受,告诉他你在这个记忆中的人(或代表他们的物体)面前有什么感觉。更明智的自我会安静地倾听,给予你深沉的理解,回应你的感受,这会让你找回安全和轻松。

4. 把其他与自己早年经历相关的角色也加入进来,比如兄弟姐妹、邻居、朋友或老师等等。相信你的想象力,只要他们出现了,那他们就是在这个场景中最需要的角色,即使你的大脑也不能完全确定他们为什么会在那里。

5. 现在想象一下好父母(或者你理想中的父母)的特质,他们让你感到安全,理解你、接纳你,并且懂得欣赏你。花点时间去唤起这个好父母的角色,一直具体到你觉得他们是真实的。他们的形象可能是以你认识的某个人为蓝本,那个人的表现让你觉得像一位好父母。体会你在这位好父母面前的感受,并与更明智的自我分享。花点时间,一点一点地分享,由浅入深地剖白内心的一层层体会。当更明智的自我完成对你的理解和观照时,看看自己内心有什么感觉。

6. 你可以想象在你更明智的自我见证下与这位新父母的互动,观察你是否感到自己更加具有价值感,也容易被周围的人认同。留意自己的感受并与更明智的自我分享这些体会。

7. 你想和你的好父母在一起待多久就待多久,放心享受这次相遇带来的好处。

8. 如果你愿意,可以把旧父母和新父母放在一起对比一下,与你更明智的自我分享你的感受,让他见证并观照在你身上。

9. 当你觉得内心变得圆满完整时,就让所有的角色都消失,记住还是让更明智的自我最后离开。反思整个练习,看看你对自己的看法有没有改变。

这个练习需要进行很大的创造性想象，这对你的默认网络模式来说是一个巨大的挑战。如果你选择再次做这个练习，你想象出的场景很可能和这次的有所不同，但无论如何，这种方法都会成为你的心理韧性的强大内在支撑。

第三级：应对生命不可承受之痛

有时候，太多被轻视和受伤害的经历会让我们长期处于一种羞愧感中，而无法集结起勇气和毅力，哪怕一点突发的小挫折也会让我们跌入谷底，毫无招架之力。如果是这样的话，我们就很难找到重建内心安全营垒的途径，甚至对一些人来说，是不可能完成的任务。

练习 6-15 和练习 7-6 提供了更多的方法来应对你短暂出现的迷失、困惑和不知所措的感觉。在本章的练习中，我们探讨了如何学着从自认是个失败者的羞愧感中摆脱出来，即使这种羞愧感由来已久，甚至从很小的时候就萌芽了。

我们将人们感到被忽视、批评、拒绝、虐待、羞辱、遗弃和羞愧的经历拟人化，归结为"受到创伤的内在小孩（archetypal wounded inner child）"。当你没有足够的内在韧性或无法得到他人的支持来避免这些痛苦的袭击时，就会生出自己原本不值得的羞愧感。在每一种文化的神话故事和许多现代治疗的经典案例中，都有这种受伤的内在小孩的身影，而大多数人在听到这类消息时都会立刻产生共鸣。

帮助内在小孩恢复心理韧性的宗旨是让他们最终感觉被看到、被听到、被理解、被接受和被疼爱，而这种感觉恰恰是他们内心所缺失的，似乎从来没有，或者很少、很难从父母、同龄人、同事、朋友和伴侣那里体会到的。这个内在小孩虽然不是现在的你，但他往往是你过去生活的一部分。回忆起被他人排斥、遭遇尴尬或关系破裂的时刻，曾经的痛苦就会被激活，让你此时此刻再次感觉到撕心裂肺的疼痛。

修复内在小孩的心理创伤并不一定要通过心理治疗，但是熟练的关系疗法（relational therapy）肯定会有很大的帮助。任何一段和谐的、理解的、包容的、慈爱的关系都能让内在小孩恢复心理韧性。当内在小孩得到年长、睿智、坚强、灵活的长辈重视、理解和接纳时，他们就能被治愈。

在练习这种内在智能时，你要唤起更明智的成熟自我，去重视、理解、接受，还要拥抱和疼爱你的内在小孩，帮助他们从羞愧感中痊愈，重建内心的安全营垒，因为感受安全和关怀是每个人与生俱来的权利。

👉 **练习 4-19：让更明智的自我和内在小孩对话**

让更明智的自我（或内在的好父母）与受伤的内在小孩在你的想象中进行一次对话，利用强大的想象力、感知力和接受力，在更明智的自我（或内在的好父母）和内在小孩之间创造一种新关系。在这种关系里，你可以创造新的模式来回应内在小孩的心理需求，给他带去安慰和快乐。

1. 唤起你心中更明智的自我（或内在的好父母）。想象一下，更明智的自我坐在一个舒适的地方，这里对你的内在小孩来说也很安全。可以是家里的地板上，公园的长椅上，也可以是海滩的软毯上。

2. 当内在小孩感到有点失落、困惑和无依无靠时，喊他来聊聊天。我发现对于许多人来说，回想到自己三年级或初中时，会唤起内在小孩的羞愧感受。

3. 想象更明智的自我和内在小孩坐在一起，也许他们会打声招呼，也许什么也不说，只是默默地陪伴对方存在。让更明智的自我保持开放、接纳、信任和轻松。让内心小孩保持原样，无论他们想要什么都可以，比如泰迪熊、玩偶、玩具车、心爱的贵宾犬等等，都满足他们的心愿，这可以让他们觉得安全，舒服地与更明智的自我坐在一起。

4. 想象一下，在更明智的自我和内在小孩之间发展出一种连接的感觉，哪怕内在小孩对这种连接还是感到害羞或警惕也无妨。想象两人之间正在展开一场对话，可能一开始时会有些犹豫不决或生疏有礼。想象内在小孩渐渐感到安全、舒适，对更明智的自我熟悉起来，就能够深入与他交谈，分享一切他想说或想听的事情。

5. 想象更明智的自我和内在小孩更加熟悉，他们互相了解，可能会说"原来你是这样子的，很高兴见到你，你很好"之类的话。这些对话既不需现实，也不需完美，随便说些什么都可以。

6. 让更明智的自我和内在小孩分别反思他们在这次对话中的体会。（你也可以在两者之间来回切换。）

7. 想象更明智的自我和内在小孩要道别离开，而且约定好可以在内在小孩需要的时候再次见面。

8. 反思你在练习中的感受，看看自我意识有没有发生变化，是不是自我接纳的感觉更加强烈。

用善良、关心、好奇和疼爱的态度来认识内在小孩，并与其建立连接，可以重新构建我们幼年时期形成的内在运行模型，打通安全依恋的神经回路，帮助我们建立内心的安全营垒。这也是心理韧性最强大的内在基础。

👉 **练习4-20：让内在小孩唤起更明智的自我**

在上一个练习的基础上，你可以利用想象力重新安排一个场景。当内在小孩感到被他人抛弃或遗忘时，他没有内在资源去应对困境，眼看就要陷入羞愧情绪的深渊当中。现在，你可以赋予他调动内心角色的能力，让他自己唤起更明智的自我介入，唤起自我接纳和自我善待的特质，来抵御这种羞愧的感觉。

1. 想象更明智的自我和内在小孩重聚在一起进行另一场对话。这一次，让内在小孩直接地表达出因为没有得到应有的尊重与保护而感到的愤怒。也许是因为家长放学后忘记接他，也可能是因为他受到同学欺凌而老师却视而不见，或者最要好的朋友突然变得刻薄和势利。在那时，由于年纪尚小，还没有能力对复杂情况做出正确的判断和反应，更明智的自我也还没有形成，于是内在小孩陷入一种孤立无援的境地。

2. 当内在小孩将这段经历与更明智的自我分享时，可能会表达一些愤怒和质问："我需要你的时候你在哪里？我又怎么能相信你现在就会帮我？"而更明智的自我（或内在的好父母）则会充满同情和共情地仔细倾听，然后回应："你当然会生气，我非常理解你的感受。"更明智的自我会让内在小孩感到安心，他们现在就在这里，从这一刻起，无论什么情况，只要他需要，他们就会陪伴在他身边。

3. 让内在小孩尽可能地从更明智的自我那里感受并相信这种承诺。这种信任的建立是对内在小孩情感需求的有效修复和重建，内在小孩意识到自己有能力在任何需要的时候唤起更明智的自我，而对方一定会及时出现并提供帮助。

4. 观察内在小孩的感觉有什么变化，是否有了一种更加强大、更加勇敢的感觉？

这个练习不会改变已经发生的事情，但它会改变内在小孩与发生的事情之间的关系。它不会改写历史，但会重塑大脑的神经回路。你可以尽量多地重复这个练习，来丰富内在小孩心中的力量感，让他充满信心，随时可以唤起更明智的自我为自己带来帮助。

本章介绍了许多自我意识、自我接受和内在整合的方法，来恢复和加强你内心的安全营垒。这些练习能够让你激发更明智的自我和直觉智慧，引导你发挥核心韧性，从容不迫地应对生活中的挑战和压力。

当你感觉到信赖和安全时，大脑也会更加灵活高效，更加顺畅地处理人际关系的尺度和分寸。我们将在下一章重点讨论这些问题。

在人际交往中，更具心理韧性的人往往可以从他人那里获得更多的支持。你可以将他人视为有用的港湾、资源和榜样，他们可以帮助你成长、赋予你能力、引导你走向成功和幸福。

第五章
人际智能练习

信任、共通人性、相互依赖、庇护、资源

> 人们会忘记你说过的话、做过的事，但人们永远不会忘记你带给他们的感受。
>
> ——玛雅·安吉洛（Maya Angelou）

人类是群居动物，从进化角度来说，人和人之间存在与生俱来的联系。我们在家庭、社会和文化中出生、长大、学习，在群体中实现价值或受到排斥，无论是好是坏，我们都无法脱离群体而存在。对于孩提时期神经回路的形成条件，我们没有太多选择。

但现在，我们可以自己选择如何看待外界环境，如何处理人际关系，如何与他人相处互动，也可能选择如何深居简出、超然避世。我们都经历过令人痛心的人际关系，比如遭遇情感的伤害与背叛，或者受到不公平的对待或裁决。在不同的人际关系中，我们既可能受人排挤和歧视，也可能排挤和歧视他人。正如备受推崇的禅修大师杰克·康菲尔德（Jack Kornfield）所说："我们伤害别人，也被别人伤害，只因为我们是人。"

然而，别人也可以提供最温暖的庇护和最有效的资源来治愈我们心中的创伤，尤其是那些我们在人际关系中受到的创伤。通过人际智能练习，我们能学会如何稳妥、和谐地与他人交往，对于增强心理韧性也有巨大的帮助。我们可以建立新的神经回路，同时修复或删除大脑中可能损害心理韧性的旧回路。

在幼年时期，我们就懂得遵守与他人相处的"规则"，学会如何礼貌地与人接近或安全地保持距离。大脑会在我们18个月大时（发展出意识处理能力之前）就在神经回路中建立起这种制约模式，除非我们选择有意识地改变这些制约，否则它们在成年后仍将发挥稳定的作用。

如果能在童年时期就建立与他人交往的健康模式，懂得从他人身上寻求庇护和安慰，那你就比较容易在人际交往中淡定自若、游刃有余。在这种情况下，你可以坦率地做自己，也能够发自内心地尊重他人的人生选择（这是心智理论的核心——你是你，我是我，我们本来就是不同的人，自然不该强求一致）。你知道自己是独一无二的个体，可以心安理得地与众不同，而无须费力融入其他的人际圈，你可以舒适地窝在安全营垒，享受做自己的愉快时光。你也懂得建立健康的人际关系，在需要的时候与他人产生互相依赖的连接。你有选择人际交往模式的自由，既可以与人亲密无间，也可以独自面对人生。健康的相互依赖关系可以让你根据需要在独处和交往之间自由切换。

这种健全的相互依赖会为我们提供以下3种重要的心理支撑：

1. **信任**。当你相信自己和内心的安全营垒（幼儿时相信你的看护者），当你知道如何灵活稳妥地为人处世，当你学会与人建立沟通互助的过程，你就能够相信与他人的相互依赖关系。如果你具备加入或脱离一个团体的能力，就能够试着承担信任他人的风险。你可以敞开心扉、乐于接受，体验双向的人际互动，接受来自群体的保护和滋养，与同伴分享各种看法和态度，感受人与人之间共通的悲喜。如果这种交往没有产生正面效果或让你觉得不值得信任，你也可以全身而退，回到自己舒适的安全营垒。

2. **庇护**。你可以信任他人，接受他人的安慰和庇护，来减轻你的痛苦或悲伤，尤其是由他人造成的痛苦和悲伤。富有同情心的伙伴能够用共情和理解帮你收拾心情，恢复你对自己、他人和生活本身的信心，坚强地走出阴霾，重整旗鼓。

3. **资源**。你可以从榜样或导师身上汲取丰富的经验与智慧，获得物质资源（如财务或人力援助），得以从容地应对困难，顺利渡过难关。人们通过家庭、社区和社会关系，可以建立起自己的人际关系安全网络，每当遇到艰难险阻，便是安全网络发挥功效之时。

摆脱被动和脆弱的人际模式

有时候，你在童年或者长大后学到的与人相处的模式，并没有很好地融入健康的相互依赖关系中，这就导致了你在人际交往中被动和脆弱的局面，也很难在社交资源的帮助下改写大脑的旧制约。

在这种情况下，大脑陷入一种偏离中心的被动模式，过分依赖他人的感受，只有自己的努力获得外界认可才会感到安心。这时我们的自我意识尚未学会对自己的接纳，我们迫切地想要成为别人希望的样子，而不是真正的自己，于是你的注意力也更加倾向于集中在某个对你要求十分苛刻的人身上，而不是在自己身上。通过学习，我们可以努力把注意力重新集中在自己身上，凝聚起自我意识，保护自己不受到那些轻视、苛责和排斥你的人所伤害。我们还能够学会与他人保持恰当的距离，让自我意识安全地萌芽和生长。

本章将帮助你重新构建这些制约模式，选择与那些积极、阳光的人建立连接，形成健康的相互依赖感，强化双方的安全营垒。你还可以在人际交往中发挥安全营垒的稳定性和灵活性，根据对方的依赖状态和自己的社交需求来掌控交往关系的亲疏远近。你要知道，并不是每个人都拥有灵活的反应能力和心理韧性，因此即使是最亲密的关系中，有时也存在盛怒和伤害。

经过练习，我们期望你能够在社会交往中如鱼得水，既有归属感又有自主性，既有亲密感又有独立性，既能适应人际关系，又能通过人际关系丰富自我的精神世界。

建立新制约

与他人进行顺畅良好的互动，可以增强大脑形成健康相互依赖关系的能力，帮助大脑形成新的神经回路或强化现有回路，增强你的反应灵活性。

第一级：应对小风浪

信任是我们与他人良好交往的基础。为了培养信任别人的能力，你需要加深对自己以及对自己人际交往能力的信任（第四章给自己搭建内心安全营垒的练习十分奏效），如此一来，即使别人并不完全值得信任，你也能妥善处理好人际关系。下面的练习可以加强你的大脑回路，加深信任能力。

👉 练习 5-1：深入倾听

> 在与他人建立联系的方法中，最基本、最有效的一条就是倾听。倾听是一切的开始。也许我们能给予对方最重要的东西就是我们的关注……充满善意的沉默往往比暖心的话语更能治愈创伤、启发沟通。
> ——瑞秋·雷曼（Rachel Naomi Remen）

> 当我们把注意力转向倾听时，整个世界都在改变。学会倾听等于学会爱。
> ——露丝·考克斯（Ruth Cox）

在这个练习中，你将重温深入倾听的技巧（回想练习 4-2），并扩展出新的话题。留出 30 分钟练习时间，才能让你的大脑加深记忆、完成重塑。

1. 找一位伙伴（朋友或同事）与你一起做这个练习。如果效果不错，你们也可以尝试互换角色。

2. 从下面的问题中，告诉你的伙伴你想先回答哪个问题。如果你自己想要列一个新的问题清单也可以。
   - 什么带给你快乐？
   - 什么让你悲伤？
   - 你在焦虑什么？
   - 你在什么情况下，从黑暗中找到了勇气？
   - 你对什么事心怀感激？
   - 你以什么为荣？

3. 请你的伙伴向你发问，静静地听你回答。听过之后，不要让他品头论足，而是对你的坦诚表达感激，然后重复这个过程，问同样的问题，持续大约5分钟。

4. 尽可能诚实地回答，体会被倾听和被接纳的感觉。让你对自己内心的感受随着问题的每一次重复而加深。

5. 回答完第一个问题后，暂停一下，反思刚才的体验。

6. 继续回答其他问题，时间允许的话，可以多回答几个。然后你也可以和伙伴交换角色，从对方想先回答的问题开始。

7. 练习结束后，你们可以交流一下体会，谈谈自己回答问题时是什么感觉，被人倾听是什么感觉，听到对方的回答时是什么感觉。

重复问答可以让你的大脑越来越深入地钻研它们，产生更加丰富的答案。"小幅多频"的问答练习让你有意识地关注大脑的处理过程，对自己的内心世界产生一种全新的深刻认识。这个练习带来的安全感会强化双方大脑的社交参与系统，被倾听和被接纳的过程也会加深你与对方在相处中的信任。

👉 练习5-2：灵犀时刻

"灵犀时刻"指的是两个人共同经历一段情绪体验的时刻。他们实现了对彼此的"感觉"，体验到非常相似的心理环境，因此达到"心有灵犀"的境界——他们都知道对方正在经历什么、有什么样的感觉。

这种共同感受之旅的真实感和呼应感为两个人创造了一个共同的私人世界，二人的关系会发生不可逆转的改变，因此进入一种全新状态。双方会感觉到一种开放的态度，人际交往方式也会拥有更多可能。

  这些共同的情感之旅是如此简单和自然，而且只可意会不可言传，也许只有诗歌可以表达一二。那种心有灵犀的瞬间是生命中最惊人也最平常的时刻，却可以日积月累甚至天翻地覆地改变我们的世界。每个人都无法抗拒这样的改变，我们也因为改变了彼此而发展出不同的关系。

——丹尼尔·斯特恩（Daniel Stern），代表作：
《当今心理治疗与日常生活》(The Present
Moment in Psychotherapy and Everyday Life)

  心有灵犀的感觉既可能发生在亲密关系中，也可能随机发生在只有一面之缘的人之间。我的朋友罗布·蒂米内里（Rob Timineri）把这些偶发的灵犀时刻称为"短暂外遇"，它们不是性爱的邂逅，而是一种与他人产生深深理解和共鸣的美好时刻。

  这个练习有助于你敏锐地捕捉到这些心意相通的瞬间（或者有意识地回顾和品味这些时刻），并利用这些经历或记忆来加深你对对方的信任。

1. 回想一下当你突然感受到与另一个人心有灵犀、亲密无间的时刻，即使当时没有意识到这一点也没关系。有时候不光是和身边的人，和宠物也会有这样的感觉。

2. 现在体会并享受这一瞬间的美好，让你的身体感受到它，品味这一刻。就像练习 2-6 一样，你可以通过记住一个被宠爱和疼惜的时刻来产生安全感和信任感，这个练习让你在人际互动中建立起安全感和信任感。经历和回忆这些时刻会在大脑中编织一种安全网，让你在人际交往中从容坦荡。

练习 5-3：共鸣的节奏

  当你经历过美好的亲密关系之后，通常会想要体验更多人际交往的愉悦。同样，你可以相信，在生活中还能够重新创造这些幸福的体验。在心智理论中，正念共情可以调节社交的节奏，使人际交往得以继续、扩大和深化。

1. 在日常来往中，尽可能地留意你和另一个人之间发生的事情。留意你们之间"气场"的变化，包括彼此的面部表情和肢体语言，声调和节奏，以及对话的语气，看看你们之间的非语言交流是否让你感到舒适。

2. 注意人际互动的节奏，以及自己的投入速度和接收程度。观察你们的交流是双向的，还是一个人滔滔不绝，而另一个人沉默地听？
3. 需要的话，利用正念共情和心智理论来帮助你调整节奏，使之成为一种平衡的双向沟通，彼此倾诉、彼此倾听。
4. 根据你的感受，可以用"我想多听听……"这样的提示来引导对话或者用"我想告诉你更多关于……"来使交谈更加平衡。
5. 为了加深联系的亲密度，你们可以分享交谈的感觉，享受情绪合拍的灵犀一刻。

共情心理可以让人与人之间的关系更加紧密，大脑会用相同的神经回路来体会自己与他人的感受。你也可以与他人沟通，看看自己是否准确地感知和理解了对方的感受，这对你们的交往也十分有帮助。良好的交流节奏可以推动形成健康的相互依赖，对自我和他人保持稳定灵活的关注，从而建立良好的人际关系。

第二级：应对困顿和心痛，悲伤和挣扎

当你面临真正的困难，不确定自己是否能很好地应对时，贸然向他人倾诉可能会让你遭遇更大的风险。然而，研究人员发现，这种人际连接往往对解决问题有所帮助。

我们可以从他人身上寻求庇护，尤其是来自家人和朋友的支持，就像避风的港湾，可以让我们在风暴肆虐的时候有个栖身之地。这时候的人际连接往往伴随着资源的馈赠，他人以看得见摸得着的实际行动来帮助你，给你坚强无畏的底气来抵御困境。这就像在你感冒时，有人送来一碗热气腾腾的鸡汤，或者在洪水或飓风后，有人在你重建房屋的空当给你安排一张温暖、安全的睡床。

还有数据表明，当我们向他人提供帮助时，会感到自己更有价值、更有能量。这些感觉并不是来自展示自己比其他人更富有或更无私，而是来自一种共同的人性意识，认识并相信人与人之间的相互依赖关系。

👉 **练习 5-4：寻求帮助并提供帮助**

这个练习可以调整你寻求和提供帮助的方式，让二者达到平衡。你可能更倾

向于自力更生，时常说"我自己能行"或质疑别人"你为什么不能自己做"。独立和自主是好的，但承认我们作为人类的脆弱并向他人示弱，往往对自己更有益。你可以利用得到的帮助来节省自己的能量去应对困境，而不是独自苦苦支撑，疲于应付各种困难。

或者，如果你不相信自己有能力处理生活难题，可能会倾向于事事向别人寻求帮助，搞得家人、朋友和邻居不堪其扰，其实这也不是好选择。心理韧性意味着既稳定又灵活。当你向别人寻求和接受帮助的时候，你内心的安全营垒会让你平静又积极，充满安定感。

1. 回想5个你最近需要他人帮助的时刻，比如被锁在房门外面，升职遇到瓶颈，或者与子女关系紧张之类的事情。
2. 看看在这些时候，你是倾向于大胆向他人求助，还是倾向于单打独斗，不想给他人添麻烦或让人觉得自己能力不足。在那些影响你选择的因素中，留意主要原因是信不信任自己，还是信不信任别人，到底是信任还是不信任的感觉在你的决定中发挥了作用。
3. 想一想，什么样的情况、价值观和信念可能会影响或阻碍你选择寻求帮助。
4. 反思一下你寻求帮助的方式是否与你提供帮助的方式相同，相同或不同都是正常的。
5. 下次遇到困难的时候，尝试采取你习惯选择的相反方式，看看是否可以冒险相信自己或更相信别人。
6. 反思你从这次尝试中收获了什么，注意这些收获是否会影响你未来的选择。

通过调整你过度依赖自己或他人的倾向，你可以重置大脑的习惯，使之取得平衡，建立健康的相互依赖关系。

除了学会从自己和他人那里寻求帮助，你还可以用想象创造一个随时供你调遣的全天候支持圈。这个圈子既可以包括你信任并可依赖的身边人，也可以包括你想认识或想象出来的人。当你面对挫折或痛苦时，把这些真实的和想象的支持者都调动起来，感受他们都陪伴在你身边，他们的抚慰和温暖会让你放松下来，重获战胜困难的勇气。

👉 **练习 5-5: 支持圈**

1. 花点时间找出两三个让你一想到就觉得是安全、可信任、温暖和有力量的人。如果你愿意,多找几个当然也可以。这些人你不一定都认识,也不一定是你身边很亲密、随时可以求助的人。他们可以是真实的也可以是想象的,但都会让你心情安宁平和,让你拥有安全感和舒适感。

2. 想象一下,这些人围成半圈坐在你周围,或者站在你身边,当你陷入困境时,他们给你信心和力量。想象他们无条件地包容你、支持你,你永远不会孤单,永远都有他们可以依靠。

3. 设想一个你需要帮助的具体情况,比如去向领导要求加薪,准备税务审计,告诉家人今年你不能和他们一起过节,或者让你青春期的儿子丢掉藏在卧室壁橱里的游戏机等等。在周围人都坚定地站在你一边的情况下,内心排练一下要如何应对这些情况。这种演练可以塑造大脑的神经回路,让你在面对实际问题时心中充满果敢和勇气。

4. 你可以多练习几次,唤起这个支持圈,直到它成为你大脑的自然反应资源,你可以在任何需要的时候调用它。这个支持圈里的人可能会随着岁月变迁而改变。

对你的大脑来说,唤起想象中的支持圈就像确实和这些人在一起一样真实。这种利用想象力激活大脑潜力的方法收效甚好。下次当你面临意想不到的打击或危机时,请记得唤起你的支持圈,这会让你的安全感和力量感都迅速回归,无惧挑战。

将焦虑痛苦、悲伤挣扎等情绪过度加诸他人,可能会让我们与他人的关系也陷入泥沼之中。这个练习可以让倾诉者负责任地说、倾听者共情地听,双方都有内在的安全营垒作为保护,懂得运用心智理论来接纳彼此,也就是说,双方都认同我就是我,我喜欢和接纳自己本来的样子,也认同你就是你,你不同于我也没关系,我也接受你本来的样子。这个练习要求倾诉者对自己的感受负责,尤其是要正面领会倾听者的反应,不能把自己的痛苦强加于人,同时也要求倾听者抱着开放和接纳的态度,而不是心怀抵触或越俎代庖。

👉 **练习 5-6：不带羞辱或责备的沟通**

1. 找一个伙伴来练习，你的朋友、同事，或伴侣都可以。确定谁先说，如果愿意的话，之后可以互换角色。给每个人至少 15 分钟的发言时间。

2. 倾诉者讲出自己与另一个人（不是倾听者）之间的关系摩擦。注意倾诉的重点是人际关系上的困难，而不要强调对方的缺点，把他说得很难相处。

3. 倾诉者以第一人称正面陈述，比如"我发现我对……有看法"，也可以描述产生摩擦的行为："当我发现杰克时，我就……"但是倾诉者应该把注意力集中在自己的感受上，只要表达"我觉得"、"我感觉"或"我担心"就好。使用"感觉"这类词汇意味着你可以为这种感知负责，你是在体会自己对这种感知的反应，而不是在羞辱、指责或批评给你带来这种感觉的对方。简洁地陈述，便于倾听者记忆和重复。

4. 倾听者不只要听，还要复述倾诉者刚才说的话。"我听到你说……"注意，只要简单的倾听和重复，而不要加上自己的反应、建议、意见或批评，这其实是一项很困难的工作。复述每句话后，倾听者要用一种柔和、中立的态度询问："还有其他想说的吗？"

5. 倾诉者愿意的话，可以继续探讨他们与对方的关系摩擦，想说多久都可以。有趣的是，当倾诉者把注意力集中在自己的内心体验上时，你会发现，倾诉的时长比你想象的要短得多——至少比抱怨别人要短得多，往往我们一开始抱怨就没完没了，总也停不下来。

6. 倾听者可以对刚才听到的内容做一下总结。倾诉者可以表示赞同或者对某些意见做出修改。

7. 双方暂停一下，反思彼此在对话中扮演的角色，但不必评价对方在练习中的表现。

这个练习还有两种延伸，你也可以尝试一下。

延伸一：

倾诉者找出一个自己某些行为方面做得不好的地方，也许是与他人交往时的不当行为，也许是一个比较常见的缺点。另一个人和刚才一样倾听并复述，之后双方可以进行确认和修正。

延伸二：

倾诉者找出一个与倾听者之间关系的问题。作为倾诉者，依然要侧重于表达自己的感受。倾听者要在内心安全营垒和心智理论的保护下，像以前一样倾听并复述，之后双方可以进行确认和修正。

这个练习得以奏效的前提是，倾诉者不带有羞辱或责备的态度去讲述，倾听者不带有抵触和反感的情绪去接受，这样能营造彼此的安全感，让沟通顺畅且有效。社交参与感可以减弱大脑的反应性。倾诉者可以放心地探究自己的内心，而不必担心倾听者对某一句话心有不满。倾听者也不必带有任何个人情绪，不要对某种意见对号入座。后面的练习 5-10 会说到，在这个练习里建立的人际关系沟通技巧，正是改善交流行为的基础。

第三级：应对生命不可承受之痛

> 谈话疗法只是一种方式，让我们从中抽身并冷静下来，让人际关系有足够的时间来愈合。
>
> ——摘自依恋与心理治疗论坛的主讲人发言

陪伴和连接是可以治愈人际关系的行为。即使身处低谷，大脑的人际智能若得到有效发挥，也能为我们提供庇护和资源。无论是社交参与系统的情感共鸣，还是你内心的安全营垒，都可以激活人类共通的神经安全网，来创造一种安全感。一开始你可能觉得这个过程很难，但通过练习，你就能学会在崩溃边缘信任和依赖他人，抓住救命稻草。

👉 **练习 5-7：充分利用人际关系研讨会或互助团体**

研究表明，大脑从与其他健康大脑的互动中学习效果最好。如果你想培养更多人际智力技能，那么在一个安全、值得信任的环境中练习与他人建立连接，无疑更有帮助。

1. 寻找一个致力于帮助成员提高人际交往技能的研讨会或互助团体。可以向朋友、同事或专业人士寻求建议，或者查询当地心理健康顾问和自助组织的名单。

2. 与主办者深入交流，询问他们在解决你的焦虑或担忧方面的课程和经验。如果你觉得听起来不错，可以尝试参加研讨会或小组讨论，看看和其他参与者一起交流是否能让你感到轻松。

3. 当你第一次参与活动时，别忘记使用本书中你练习过的所有方法，比如把手放在心口，摆出力量姿势，回顾韧性特质和接纳真实自我，等等。不要抱着观望的态度躲在一边，你可以主动选择你想要的方式来积极交流。

4. 当你参与时，关注自己的感受。如果你对眼前的事情感到不舒服或不安时，及时向主办者寻求帮助。如果当面质疑会让你感觉很尴尬，你也可以私下询问是否只有自己对某个环节感到不舒服。不过根据我的经验，如果有人表达出某种担忧，往往其他参与者也有同样的感受。

5. 留意你学到的东西，思考自己需要提升哪些方面的技能。练习培养积极的情绪，比如感知他人的善意、同情、慷慨和感激，这样可以使你的大脑摆脱收缩和消极的习惯，转向开放、包容、好奇和乐观。

6. 参与一次后，观察自己是否产生一些积极的转变，是否感觉到反应更加灵活，或者对人际关系的节奏和处理更加顺畅妥当。

你在人际关系方面遇到的任何一个障碍都有可能在互助团体的活动中重现，而这样一个致力于学习和消除这些障碍的组织将对你产生巨大的帮助。通过有意识地在一个安全环境中练习与他人和谐互动，你可以"小幅多频"地激发大脑的神经可塑性，学习重要的人际沟通技能，让你处事灵活，充满个性魅力。

除了从研讨会或互助小组的其他人那里学习新的人际沟通技巧，你还可以通过帮助他人来加强你的人际智能。

当团体中有人需要你成为一个富有同情心的伙伴去帮助其他在困境中挣扎的伙伴时，你也要给予专注的陪伴，而不是一上来就急着解决问题。记住，陪伴的意义首先是心灵的庇护，其次才是重生的资源。

👉 **练习 5-8: 有爱心的同伴**

1. 当你觉得某人可能需要帮助时，请按照对方的需要给予陪伴和支持。只要安静倾听、默默陪伴就好。也许对方并不需要解释或辩护，他们只是需要有人倾听他们的故事。

2. 可以拍拍他的肩膀或者拥抱一下，但要用你的正念共情和心智理论来感受他们对你的开放度和接受度。留意你自己是否对帮助他人这件事有所期待，比如希望得到自己是一个好人的夸赞和认定，最好不要抱有这种想法。

3. 表达你对对方处世能力的真诚信任，相信他坚持下来一定可以妥善解决问题。坦诚告诉对方，你相信他是坚强、努力，能够冲破黑暗的人。

4. 当你想提出点建设性意见时，要把握好时机。如果对方坚持自己可以应付，那可能这就是他惯用的应对方式，多年来他已经适应了用这种方式去解决（或尝试解决）生活难题。这样的情况下，你贸然提出意见去催促对方实施是不会起到什么作用的。同样，一开口就只是空洞的安慰，比如告诉对方"别担心。你会没事的"，也会让人感觉不太舒服，甚至觉得这是你的敷衍或侮辱。所以，你要耐心一些，人们面对困难总是需要一个从接受到解决的过程，帮助别人也急不得。

5. 当你感到对方已经真正准备好应对时，你可以抓住机会提供一些你认为有用的资源或方法。注意不要一下给出太多建议，要给对方留出时间和空间来吸收你的建议。

当我们感受到共通人性的安慰，知道大家的情形都差不多时，我们的情绪更加容易平复，心理韧性也会得到极大的提升。当有人处于困境中时，你能做的就是和他们待在一起，给对方安慰和陪伴，你也能感受到人类有些共同的弱点，大家可以连接在一起。

> 出于远大的需求，
> 我们牵起了手，
> 我们攀向高峰，
> 世间的大爱永不会放手。
> 听着，

事已至此，

我们只能风雨同舟。

——哈菲兹（Hafiz）

重新制约

与我们修复创伤记忆的方法一样，你可以将正反两方面的人际关系体验放在一起，这样可以瓦解大脑中旧的神经网络，并在一瞬间完成重组。随着反复练习，新的神经网络得到增强，新的反应成为习惯。你还可以通过改变行为来进行一些调整，随着时间的推移，这些行为将改变大脑的神经回路，创造全新的、更加灵活变通的人际互动习惯。

第一级：应对小风浪

通过下面的练习，你会对处理人际关系的亲疏远近越来越得心应手，并在沟通协调方面变得游刃有余。

👉 **练习 5-9：享受亲密和疏离的人际关系**

在此项练习中，你将通过改变与另一个人的亲密和疏离程度来探索自己在不同距离人际关系中的舒适度。

1. 找一个伙伴与你一起做这个练习。根据你对伙伴的了解程度，你会体验到不同的感受，和亲密的人一起可能会放松舒适，和不熟的人一起可能有点紧张不安。

2. 与伙伴面对面站立，大概保持 5-6 米的距离。看看这个距离是让你感觉舒适还是不适。

3. 慢慢走向对方，留意你们之间的距离缩短时你心中的舒适度有没有变化。看看是否有一个临界的距离，突破这个点位后你就开始变得不自在？你可以决定何时停止接近，看看你们之间的距离是仍然超过一臂长，还是几乎触碰到对方，甚至已经触碰到对方了？回到你感觉最舒服的地方，记下那个位置。

4. 然后换你的伙伴慢慢向你走来，自己站着别动，感受对方走近时你的舒适度有什么变化。注意，当对方越过你的临界距离时，你可以决定要不要让他停下脚步。你可以说："停下来，谢谢"。指出伙伴站在那里让你感觉最舒服的位置，也记下来。

5. 现在你们可以互换角色，让对方选择最舒适的距离，并反思这种体验。
6. 然后你们可以再继续以大致相同的速度同时向对方走去。当你们彼此接近时，感受你们的舒适度有什么变化。你们双方都可以指出自己感觉最舒服的距离（这对你们两人来说可能是不一样的位置）。记下这些距离。
7. 向伙伴交流各自的体验。

我们的自主神经系统负责感知周围环境和他人是否安全。个人的舒适程度会因身体距离和亲密程度而有所差异，这既取决于自己神经系统的韧性范围，也受到个人原生家庭、社会关系和文化背景的影响。这个练习也可以用来探索我们对亲密情感关系的接受度，就像练习5-12所示一样。

👉 练习 5-10: 协商改变

当我们与另一个人的关系出现问题时，我们可能需要和对方沟通，来重建两人关系中的安全感。为了让自己也更加灵活变通，我们也必须尝试改变自己的行为方式，以帮助人际关系稳步发展。

这个练习是在练习5-6的延伸基础上改进而来的。

1. 倾诉者在感知到自己对倾听者某一方面行为有所不满时，可以开始沟通：
   - 倾诉者说出自己希望解决的特定需求，例如，从对方身上感受到更多的亲密、尊重和欣赏。
   - 倾听者可以探讨如果做了哪3件事，可以让倾诉者感觉他们的需求得到了满足，或者至少得到了回应。这些要求必须是正面合理的（因为大脑学习新习惯比改掉旧习惯容易得多），而且必须是可以做到的改变（可以小幅多频地改善）。这些要求必须是行为方面的改变，而不是要求对方改变态度或性格（因为行为是可以衡量的，倾听者确切地知道该做什么，以及什么时候做）。新的行为必须在规定的时间内完成（通常是一周或两周），而不需要倾诉者总是唠叨或提醒。比如，倾诉者希望倾听者可以减少发脾气，就可以直截了当地表述为"请在未来一周里说出3件你欣赏我的事"。
- 倾诉者也要做3件事来满足自己的需求，因为倾诉者也要为自己的反应灵活性负责。同样，这些行为也必须是正面、可行的，并且能够在一定的时间内完成。

2. 倾诉者和倾听者都可以讨论和修改这些要求。每个人可以在约定的时间内选择一种他们愿意完成的行为。

3. 在规定时间快要结束时，双方可以交流一下各自的进度，看看他们各自是否按约定做了，如果他们做到了，互相鼓励和赞美。如果没有，可以尝试商量其他更容易实现的行为改变。最后，看看这些行为改变是否满足了倾诉者的预期，让他们感觉自己的需求得到了满足。如果需求被满足了，那么再次恭喜你。如果没有，请倾诉者再次清晰准确地表述自己的愿望，倾听者也可以再想想还可以做出哪些行为改变来更好地满足对方的需求。

被迫独立或相互依赖都无法促进一段关系向健康的方向发展。沟通改变才是相互依赖的妥善方式，是一种相互让步的动态行为，可以加强双方的反应灵活性和彼此关系的弹性。"小幅多频"的原则在这里依然很重要。搭档双方每周一次的变化等于一段关系每周两次的变化，这相当于1年中两人的关系动态会经历100多次变化。这十分奇妙！

第二级：应对困顿和心痛，悲伤和挣扎

有时，人际关系中难免会出现一些摩擦。如果你想让这段关系继续顺利发展，你可能必须停止或纠正其中的消极动态和行为。练习5-11和5-12可以帮助我们处理人际关系中的消极动态。练习5-13会引导我们在更高层面上为自己制造的麻烦负责。

👉 练习5-11：设定界限

设定界限是人际智能的一项基本技能。有了边界感，在一段关系中，无论对方的反应如何，你都可以保护自己不受虐待或不公正待遇。否则，你可能会成为一个受气包，即使对方的需求并不符合你的意愿，你也会很快默许对方的要求，这时，维系人际关系的代价往往十分巨大，让你心力交瘁。或者你也可以为了自

133

己的舒适感而牺牲这种关系，切断联系、刻意疏远、收回感情、敷衍应付。这种动态在老夫老妻之间比较多见，它已经失去了一段健康关系所必需的活力和成长。

1. 确定一个你想和他练习设定界限的人。你可能不想一开始就挑战最亲密的关系，那么，为了给自己和大脑积累一些成功的经验，我建议你找一个与之关系简单的人来练习。

2. 找出你想要与此人纠正合理界限的某一方面，比如对方经常打扰你的个人空间、不尊重你的个人信仰或正当权利。

3. 你可以尝试请求对方做出积极的行为改变，就像在练习 5—10 中学到的那样。如果这个方法并不奏效，继续下面的步骤。

4. 想出一个能满足你需求的界限。为了让你感到安全、受尊重、受重视或受保护，你需要别人做什么或不做什么？依据你的界限，可以要求对方停止负面行为，到这里，可能对你和对方来说，难度都增加了。

5. 如果对方继续无视你设定的界限，至少要想好 3 种后果，比如解除连接、不再往来或者寻求专业人士的帮助。对方可能会理解并接受这些后果，即使他们不同意，你也可以继续设定自己的界限，明确越界的后果，并坚决地执行。要让对方清楚，如果他们继续挑战你的界限，你有权利采取行动来捍卫自己。最坏的结果可能就是结束这段关系。

6. 确定你要如何有力回击。这是最困难的一步，尤其是对于女性来说，她们往往被社会赋予温柔良善的刻板印象，觉得自己有义务好好经营各种关系，哪怕受些委屈也不算什么。对于自我信任的能力来说，知道在某些情况下，采取强硬态度做出回应是极为重要的一个环节，这就是我建议你一开始要从简单关系入手练习的原因。

在我的研讨会上，探讨到设定界限的环节时，我举了一个客户南希的例子，她对丈夫和朋友们出去喝酒这件事越来越沮丧。南希很清楚，吉姆和朋友们的交往并不是她痛苦的根源，因为丈夫不在时，她可以在家里和小狗悠闲地共处，或者看一本好书，这没什么不妥的。问题是，吉姆总会在聚会前承诺在某个时间回家，却总是至少晚归两个小时，而且经常不打电话告诉她是什么事情导致晚归。她沮丧的缘由是吉姆没有打电话告诉自己他的计划改变了，这使她感觉自己不受尊重、不被关心，在对方心里并不重要。

南希试着和吉姆讨论这件事。她表达得很清楚，她希望他打电话并不是要他跟自己请求晚一些再回来，而是当他的计划改变时，她需要了解情况，这样她就不必白白地为他担心。吉姆当时也诚心诚意地承诺改变自己的行为，但连续几个周末都是在外得意忘形，没能兑现承诺。南希也开始怨恨自己无力让吉姆产生变化，总是闷闷不乐。

南希觉得自己需要正面说明吉姆再次忘记打电话的后果。她没有威胁说要打电话报警或联系当地医院，而是告诉吉姆，下次他再超过30分钟没回家又没有打电话告诉自己的话，她就打电话给他住在同一个镇上的姐姐。吉姆与姐姐关系十分亲密，对她也很尊敬，他可不愿意自己的不良形象落入姐姐的眼里。南希没有给姐姐打过电话，但吉姆晚归时给她打电话的新习惯从第二个周末就养成了，因为他感受到了确切的限制和边界。

7. 记住，在对方第一次越界时就要让他明白这么做的后果。这不仅对增强你们双方的反应灵活性来说至关重要，对于你们之间的互动交往灵活性也具有十分明确的意义。你们俩都知道越界的后果是什么，并且可以从中学习和改进，通过重复这样的过程，一些新的好习惯就会逐步建立起来。

8. 如果上面的步骤仍然不能有效解决问题，再次尝试练习5-10，进一步说清楚问题所在，讨论阻碍改变的原因是什么。然后再试一次。

练习设置界限可以让你加深对自己的信任，也可以在与人交往的过程中更加自信从容。你可以加强与对方的沟通，双方一起承担不确定的风险，这会加强你的反应灵活性，也利于人际关系健康发展。

👉 练习5-12: 修补裂痕

即使在"相当和谐"的亲密关系中，我们也会花大约1/3的时间在互动交流上（加深连接），1/3的时间在摩擦矛盾上（不和谐或闹别扭）上，1/3的时间在修复和好上（恢复或调谐连接）。修复裂痕是这种模式中最重要的一环，它会提升我们灵活应对关系破裂的能力，并在修复的过程中强化双方的信任。当我们相信自己可以从任何不经意的误解中恢复过来时，我们才更愿意冒险，不怕受到伤害。学习修复破裂的关系，也是微妙改善自身不良行为的强大催化剂。这个练习探索了一个承认和修复裂痕的过程。

> 错误和正确的界定之外有一块空地。我将会在那里与你相遇。
> ——贾拉鲁丁·鲁米，《错与对》(*Out beyond Ideas*)

1. 自己承认，也让对方承认两人之间的关系已经发生了破裂。这样做的目的不是为了羞辱谁或责备谁，而是为了让双方能够正视问题，而不要避而不谈。
2. 把注意力集中在修复裂痕上，切记不要陷入试图证明自己是对的或别人是错的泥潭中。把你对这段关系的重视作为修复关系的动力。专注于分享和理解彼此的体验，而不是放大自己的观点，甚至强加于人。
3. 你可以使用练习5-6来寻找问题的症结所在。双方都要尝试用自己的正念共情去理解出现问题的原因，并为自己在关系破裂过程中的行为道歉和负责，负责任的态度有助于重塑双方的安全感和信任感。
4. 继续使用练习5-6的形式，双方轮流表达各自的感受，说出为了修复关系可以做出的行为改变。你们可以多次沟通，在互惠的关系中澄清误解。
5. 表达互相之间的理解和关心。这些能促进你们的情绪共鸣，恢复二人关系的稳固性。
6. 借由现在能够引起共鸣的关系，重新投入健康的相互依存关系中。反思修复过程中学到的经验，重新开始。

除了解决特定的问题，成功修复裂痕可以增强你对自己人际智能的自信。当你相信自己可以在需要的时候修复关系、重新投入时，你就会更有勇气和能量去承担风险，在人际交往中变得心态开放、不担心袒露自己的脆弱一面。这种健康的人际关系可以让你更加坚强、富有活力和韧性。

在一段时间内，与一个人保持良好顺畅的关系可能很难，要想在群体之间左右逢源就更加困难。从我们的祖先还在大草原上生存的时候起，能够分清来人是敌是友、是否是部族一员就十分重要。我们的大脑在进化过程中天生就会自动区分"我们"和"他们"，而不需要进行有意识的处理。

人类进入文明阶段后，令人遗憾的一个问题是，我们的大脑对这些差异的识别过分迅速和自动。心智理论（识别和接受人与人之间差异的能力）可能会被一层层的负面刻板印象、信念和行为所扭曲，进而将先天的神经生物学反应转化为后天的歧视和压迫。

我最近就经历了这种困扰：有一天，我走到家附近的一个转角时，看到一个深色皮肤的人朝我走来。我不自觉地想："嗯，是不是有很多墨西哥人搬到这个社区来了？"就在这一瞬间，我立刻反应过来："琳达！这是一种种族歧视！"在下一刻，我意识到这个人就是我每隔一周都要请教的电脑维修大师，他帮我解决了许多次电脑故障和技术问题。我的整个反应过程只用了不到10秒，但尴尬和羞愧却持续了很长时间。我还需要重新调整自己，即使是按照"小幅多频"的原则，这也需要花费很长时间。

在《深层多样性：超越你我》(Deep Diversity: Overcoming Us vs. Them)一书中，种族多样性专家沙基尔·乔杜里（Shakil Choudhury）讲述了他在内隐联想测试（Implicit Association Test）中的"失败"体验。内隐联想测试是一种经常被用来检测无意识偏见的心理学工具。乔杜里是巴基斯坦裔，当时住在加拿大多伦多。他懊恼地发现，测试结果显示他潜意识里对白人比对黑人有更多的偏好。于是他设计了一套练习来纠正这种偏见（也就是重新制约）。下面的练习是他所设计练习的修改版本。你可以选择修复你对任何"其他人"的负面偏见，不管是男人或女人，老人或孩子，少数群体，特殊性取向的人，足球运动员，或首席执行官等都可以。

👉 练习 5-13：我们 vs. 他们

1. 确定你要修正偏见的"另类"。
2. 想一想当你遇到或想到这个群体中的人时，脑海中会闪过哪些负面想法或假设，尤其是他们的哪些方面让你感到不安或危险。
3. 找出几个正面看法，与消极看法做对比，尤其是要调动那些与安全感相关的想法或假设，比如他们身上善良、慷慨、勤奋和务实等品质。
4. 当你遇到（或想到）这个群体中的人时，回顾你的正面看法。不断重复，直到你感觉自己现在对这个人的看法发生了变化。请注意，最初的负面感觉是出现得不那么频繁，还是开始消失。

5. 继续重复练习，直到当你再次遇到这个群体中的某个人时，这些正面看法自动浮现在脑海中。当你成功后，可以采用不同的特质和优点等正面态度来修正对其他群体的偏见。

几年后，当乔杜里再次参加内隐联想测试时，结果表明他"打破了偏见的习惯"。他通过有意识地自我调整，改变了潜意识里的条件性偏见，这是提升人际智能的一个很好范例。

第三级：应对生命不可承受之痛

有时候，你会觉得自己被困在一段感情中，动弹不得。最常见也最令人难以摆脱的人际关系困境之一，就是受害者、迫害者和拯救者之间的戏剧三角形关系（the Drama Triangle）。40年前，一项人际沟通分析发现人们在与他人互动时会扮演不同角色，甚至是在自己的内心中也会扮演不同角色。史蒂芬·卡普曼（Stephen Karpman）认为，这个戏剧三角形特别容易引起人际关系问题，其影响也特别持久。

受害者往往表现出受到他人伤害、被遗弃或背叛、孤立无助和受人摆布的感觉。当然，在某些情况下，受害者角色呈现出的状态可能确实是对世事不公和外界压迫的真实体现。但在这里，它指的是那些采取"可怜的我"低位姿态、无法解决自己的问题，也无力改变现状的人（大致对应于那个被放逐、受伤害的内在小孩形象）。

迫害者的表现多是批评、判断、妄下结论，他们的力量强大，一般都具有一定的权威性质和支配地位。对于迫害者来说，灵活变通或表现出任何弱点都是失败的行为。迫害者（大致相当于内心批判者）会对任何潜在的受害者发号施令，不允许受害者或拯救者脱离他们的角色。

拯救者（大致对应于内心的好父母）则扮演着受害者的救助者形象：这就要求受害者始终处在无助和受害的循环之中。拯救者依靠他们的努力来帮助受害者，他们只有通过帮助他人才能感受到自我价值，似乎只有这样才能证明自己是善良的好人。他们往往成了殉道者，既不能发展出心智理论和自我责任感，也无法将自己从三角关系中释放出来。

这三种都是原始角色，很容易被我们识别和捕捉，但很难从我们的大脑中消除，很难在与他人交往时停止角色扮演。更复杂的状况是，人们时常会在戏剧三角形中交换角色，同样，在我们内心的自我认知中，也会交替扮演这些角色。这种戏剧三角形关系——无论是在我们的头脑中上演，还是在人际关系中出现，或者两者皆有——都会让我们束住手脚，麻痹我们的心理韧性，彻底打乱我们挣脱困境的脚步。

唯一明智的方法就是走出三角形关系，用我们成熟、坚强的真实自我和健全的心智理论来制服这些角色，修复我们的神经回路。

👉 **练习 5-14：拆解戏剧三角形**

思考一下受害者、迫害者或拯救者的特质，看看自己内心是否时常扮演这样的角色。你可能会意识到它们是自己内在特质的一部分，也可能发现它们在周围人身上表现得很明显，或者你发现自己常与他人合力扮演。如果你想在内心重新设定这些角色，可以按照下面的方法做：

1. 把意识转移到真实的自我上来。回想一下你曾经努力战胜困难的时候，也许能帮助你唤醒这种自我信任和认同。有意识地加强积极的自我体验，让自己尽可能活在当下、精神振奋、充满活力。

2. 确定你想先处理这 3 个角色中的哪一个。你应该先从最简单的角色入手，便于迅速积累成功经验。

3. 告诉自己，你内心的每个部分都是出于自我保护或自我提升的目的而存在。不必用羞愧或责备的眼光看待这些部分，因为他们的出现是演化、遗传、原生家庭、文化背景共同塑造的结果。虽然我们的神经可塑性具有自我导向的力量，然而，选择去治愈那些困扰你的问题，则是你义不容辞的责任。

4. 想象一下，让坚强的自我邀请这个三角形关系中的第一个角色来恳谈一番。尽可能多地表达你的接受和同情，让这个角色从容地展现自己。包容他的存在，感激他给你的生存和发展带来的礼物。

5. 当你在坚强的自我和这个角色之间来回切换时，要保证坚强的自我比这些角色中的任何一个都更强大有力，因为他代表了真正的你。从现在开始，你可以利用前额皮质的功能来管理这些角色的出现和退场，而不再被他劫持，或沉浸于角色中，迷失自我。

6. 然后，放下这个角色，不再与他产生联系。让你的意识回到坚强的自我，多停留一会儿。专心体会坚强有力的感觉。
7. 如果需要的话，你也可以和其他两个角色进行一次刚才那样的接触。只要你愿意，随时都可以重复这个练习。

这种练习的过程可以帮助你拆解人际关系中的戏剧三角形关系。有时，你可能发现自己正在扮演某个角色，也可能发现别人也参与其中。例如，有些人会不自觉地扮演拯救者角色，总是想要替你思考和决定，而不是相信你可以自己思考。如果你表示反抗，他们可能会抱怨说自己"只是想帮忙"，并且希望你继续做一个依赖他人的受害者，这样他们就能因为自己可以向你伸出援手而感到欣慰。你也许会发现自己有时也会扮演这样的角色来要求或回应其他人，即使这不是你的本意或习惯方式。

如果你不想和其他人一起扮演这些角色，或者不想让其他人将某种角色施加于你，下面的方法会有所帮助：

1. 确定你在某种特定关系中占主导地位的角色，不管是受害者、迫害者、拯救者都可以。
2. 激活坚强的自我，这样你就不会再扮演之前的角色了（你一定能做到的！）。
3. 下次你陷入角色或者受制于人被迫进行角色扮演时，你要牢牢锚定你的心智理论：坚信你就是你，你不需要成为他们想让你成为的人，也不需要依照他们的期望来行事。当你内心充满自信，就能改变你以前和这个人在一起时的感觉，你要记住，你不需要别人的允许就可以改变。
4. 选择一种和以往截然不同的方式来回应对方，体会自己的感受，也看看他的反应是不是也和以前不一样。这也正常，因为你打破了游戏规则。
5. 当你选择拆解戏剧三角形关系，你就创造了一个改变你和另一个人关系动态的机会。你可以在当下或今后引导并改变你们之间的关系，需要的话也可以重新练习5–10、5–11和5–12，以达到新的平衡。当然，你也可以选择不这么做。

重新制约并不是要在你内心消除这些角色，在你与他人的交往中可能还会再次唤起他们。但重新制约会增强你的经验和信心，保证坚强的自我比这些角色拥有更强大的能量，所以你不会受到这些角色的牵制。这些角色都不是你的本色，你无须刻意扮演他们。

只要你有意愿改变你与人交往的行为，哪怕是单方面的，也能让你跳出戏剧三角形关系。你不需要得到对方的允许就可以采取行动来改变，你也不需要试图说服他们改变。最重要的是要肯定改变的必要性，采取行动去改变，承担改变的后果，然后庆祝摆脱三角关系的自由。哪怕只是一次小成功也能鼓励你和其他人再次尝试，这样你会逐步走入一个人际智能的新世界。

解除旧制约

在建立新制约和重新制约时，集中注意力可以让你利用与特定人的特定互动关系，在神经回路中安装或重启特定的模式。解除制约是利用大脑默认网络的"遨游空间"来重塑大脑，让心灵对更广阔人类社会产生真正的归属感。在社会群体中的归属感和相互依赖的安全感是影响人类寿命和幸福指数的最重要因素之一。

第一级：应对小风浪

下面的练习需要发挥你的想象力，来加深对共通人性的体验，构建起互相依存的强大心理安全网。

👉 **练习 5-15：设身处地为别人着想**

设身处地为他人着想是一套久经考验的做法，可以有效地帮助我们体会共通的人性。

1. 选一个你不认识的人，比如公交车上的陌生人，在超市一起排队的陌生人，或者看电影时坐在你旁边的陌生人。
2. 发挥你的想象力，想想他们的生活可能是什么样的呢？你可以联想出一个关于他们的背景、工作、家庭和对人生展望的完整故事。想象自己成为这个人，感受他们面临的担忧和压力，时间长短由你自己决定，哪怕一瞬间也可以。
3. 想象你们的生活有许多共通之处，存在千丝万缕的联系，在纷扰世界中，想一想你们可能面临哪些共同的困扰。

4. 设身处地地想一想,如果你和这个人性别相同、种族一致、阶级平等,同样面临着机遇或挑战,你的生活将会有怎样的不同。这些外在环境会对你的心理韧性产生何种创造性的影响?你又拥有哪些与之不同的优势或弱点,又要如何学会应对困难?

5. 你可以在许多不同的人身上重复这个想象练习,重点体会在生存环境和生活机遇的巨大差异下,人与人之间面临的相似的困境和难题。

在这个练习中,你的大脑正在认真地发挥作用,识别出你和其他人之间的共同点,这些共同点隐藏在感知到的或想象中的差异之下。

👉 **练习 5—16:就像我一样**

这项练习有助于克服那些让你感觉与他人格格不入的障碍,是一种通过体验共通的人性,让你主动感觉到自己与他人之间存在联系的方式。

1. 下次当你在开会时、在咖啡馆或街上与别人偶遇时,或在孩子学校与其他家长聊天时,请心中默念以下句子:

   就像我一样,这个人想要快乐。

   就像我一样,这个人希望摆脱痛苦和压力。

   就像我一样,这个人的身体也在遭受疼痛和衰老。

   就像我一样,这个人也享受过很多快乐和成功。

   就像我一样,这个人也会感到悲伤、失落和痛苦。

   就像我一样,这个人也渴望爱和被爱。

   就像我一样,这个人渴望在生活中做到极致和完美。

   就像我一样,这个人想要和平和幸福。

2. 和之前的练习一样,你可以在许多场景中重复这种练习,从而感受到差异背后的共通人性。

当你和别人发生冲突或摩擦的时候,对自己说以上这些话会让你很快平静下来。当你越深感知到你和对方的相似之处,就越能感受到你们之间的连接,也越容易与别人和谐相处。

第二级：应对困顿和心痛，悲伤和挣扎

大多数人在生活中都难免会遭遇伤害、不公、失望或背叛。若是不可自拔地沉浸在这些痛苦中，我们的心理就会变得脆弱不堪，同时影响到人际智能的发展。若是对那些伤害我们的人进行无休止地评判、指责、怨恨和敌视也一样会给我们自己带来二次的创伤和痛苦。

人与人之间的互动确实不会永远积极正向，有时我们被他人伤害，有时我们也伤害别人。

学会宽恕可以让我们的大脑从愤怒、怨恨、仇视、敌意的收缩和紧张状态中恢复，回到一个广阔的视角，认识到共通人性中无可置喙的喜怒哀乐。这种开放的态度对我们的心理韧性至关重要。在宽恕别人的同时，我们也能原谅自己的过错，从而得到救赎。如果我们能用理解、同情、怜悯和体谅取代抱怨、批评、不满和争吵，避免在坏情绪中泥足深陷，我们就能从容地面对问题，提升人际智能。

宽恕并不意味着退让、遗忘、虚假和解或姑息迁就。学会宽恕是我们眼前和终身修行的课题，是内心安全营垒中十分重要的缓冲层，让我们能够将个人的痛苦视为人类普遍痛苦的一部分，能够重新设定我们的道德罗盘，在经历不公、背叛和伤害的时候，依然心怀慈悲，普度善念。

我们甚至需要练习宽容生命本身，因为我们每个人都会经历被生命践踏和推搡的时光。虽然宽容不是治愈伤害和背叛的唯一途径，却是我们生活中必不可少的一种修为。下面的练习可以帮助你在与他人相处的过程中恢复自信，勇敢拥抱人生。

> 宽恕不是偶然行为，而是一种永久的态度。
>
> ——马丁·路德·金（Martin Luther King, Jr）

👉 **练习 5-17：宽恕**

1. 找一个舒服的姿势坐下，闭上眼睛，自在轻松地呼吸，让你的身心放松下来。轻轻吸气，让气息停留在心口，感受自己内心所有藩篱和对自己或他人的怨气，还有心扉紧闭的痛苦。

2. 轻轻地呼气，练习以下步骤，找到宽恕对方的勇气和理由。念出下面的句

子，想象一种伤口愈合的感受，让它随着重复吟诵而越发强烈。
3. 吟诵下面的话来恳求他人的谅解：由于我的痛苦、恐惧、愤怒和困扰，我做过很多伤害、背叛或抛弃他人的事情，有意或无意间造成了他人的痛苦。
4. 在脑海中想象自己伤害他人的言行，审视自己因恐惧和困扰而造成的伤害，感受自己的悲伤和遗憾。现在，你终于可以放下这个负担，真诚地请求原谅。花点时间回想每一段让你心烦意乱、至今仍不忍回首的记忆，当痛苦经历中的每个人都浮现在脑海中时，温柔地对他们说：我请求你的原谅，我请求你的原谅。
5. 吟诵下面的话来恳求自己的谅解：正如我给别人造成痛苦一样，我也有很多事情委屈和伤害了自己，很多时候我都有意或无意间在思想、言语或行为上背叛或抛弃过自己。

　　感受自己珍贵的身体和生命，审视你对自己的伤害。回忆并感受这些创伤，体会自己的悲伤，告诉自己，你可以放下这些负担。一个一个地原谅每一个伤害自己的行为。对自己说：对于那些因为恐惧、痛苦和困惑而有意无意间伤害了自己的事情，现在我已发自内心地原谅。我原谅自己，我原谅自己。

6. 吟诵下面的话来原谅那些伤害过你的人：我曾经有意或无意间被他人在思想、言语或行为上伤害、羞辱或抛弃过很多次。

　　他们背叛了你，回忆这些痛苦的经历，感受从过去蔓延到现在的悲伤。当你的心准备好了，就可以释放出宽恕的暖流来卸下这种痛苦的负担。告诉自己：我记得很多人出于恐惧、痛苦、困惑和愤怒而伤害、羞辱或出卖我的事情，我已为此痛苦了太久。现在我准备好了，我要放下所有痛苦，对于那些伤害我的人说，我原谅你，我原谅你。

　　轻轻重复这3段宽恕的句子，直到你心中压抑的痛苦得到释放。可能痛苦过于强烈，一次练习根本无法完全解脱，相反，每一次回忆都会让你再次感受到那种难以承受的痛苦或愤怒。你要温柔地抚摸这些创伤，轻轻地安慰自己，对于自己没有完全准备好放下包袱轻装前行，也要表现出理解和宽容。宽恕是强迫不来的，也无法伪装。只需继续练习，让这段话和想象的力量顺其自然地发挥作用。

随着时间的推移，宽恕冥想会成为你生活中的一部分，你可以学会放下过去，用一种明智的慈悲胸怀去敞开心门，迎接每一个幸福来临的时刻。

第三级：应对生命不可承受之痛

有时候，我们需要将视角放得远一些，才能心平气和地应对人际交往中的问题。练习放大视野可以让大脑进入游戏空间，帮助你学会在面对困难时启动大脑休息状态时的遨游状态。

👉 **练习 5–18: 尊重共同的人性**

这个练习使用了4种体验与他人接触的方法，这种练习的功效十分强大，可以让我们在相互依赖中体验到共通的人性。

> 然后，我仿佛突然看到了他们内心深处隐藏的美好，那是罪恶、欲望和自负都无法触及的地方，那是他们真实的核心，每个人在神的眼中都是如此。要是每个人都能看到真实的自己，要是我们能一直这样看到真实的彼此，这世上将不再有战争，不再有仇恨，不再有残忍，不再有贪婪……如果有那一天，最大的可能是，我们会向彼此俯首称臣，互相崇拜。
>
> ——托马斯·默顿（Thomas Merton）

邀请一个朋友和你一起做这个引导冥想。你们两人面对面坐着，轻松地保持眼神交流。决定谁是A角色，谁是B角色，然后安静地开始练习。

1. 温柔地四目相对，让自己看见对方身上真实本性的高贵，内心的善良和光芒，以及他们对和平、幸福、宁静的真诚愿望。
2. A先闭起眼睛。B开始默默地祝福他，表达真挚的爱意："愿你享有最深的幸福，愿你心情舒畅。"A静静感受伙伴传达的祝福，安心地接受别人给予的慈爱之情。
3. B也闭上眼睛，双方安静地坐着，反思刚才的体验，默默感受给予和接受代表慈心的祝福——愿彼此拥有善良、幸福、和平和安逸。
4. A睁开眼睛，B继续闭着眼睛。由A向B表达真挚的爱意："愿你享有最深的幸福，愿你心情舒畅。"B静静感受伙伴传达的祝福，安心地接受别人给予的慈爱之情。

5. A也闭上眼睛，双方安静地坐着，反思刚才的体验，默默感受给予和接受代表慈心的祝福——愿彼此拥有善良、幸福、和平和安逸。

6. B睁开眼睛，A继续闭着眼睛。B开始想象A可能经历过哪些痛苦、失去或彷徨的时刻。B默默地向A表达同情："愿你的悲伤被爱意抚平，愿你的痛苦逐渐减轻，直到消失。愿你不再承受任何苦难，一切困难终究会被你战胜。"A安心地接受别人给予的悲悯之情。

7. B也闭上眼睛，双方安静地坐着，反思刚才双方对悲伤和痛苦给予和接受的感同身受和慈悲观照。

8. A睁开眼睛，B继续闭着眼睛。A开始想象B可能经历过哪些痛苦、失去或彷徨的时刻。A默默地向B表达同情："愿你的悲伤被爱意抚平，愿你的痛苦逐渐减轻，直到消失。愿你不再承受任何苦难，一切困难终究会被你战胜。"B安心地接受别人给予的悲悯之情。

9. A也闭上眼睛，双方安静地坐着，反思刚才双方对悲伤和痛苦给予和接受的感同身受和慈悲观照。

10. B睁开眼睛，A继续闭着眼睛。B开始想象A可能拥有什么样的快乐、成就和能力，可能得到过多么丰盈的爱意与祝福。B默默地向A表达欣慰之情，真心为他的幸福而高兴："愿你永远沉浸在幸福的溪流之中，愿你能痛快地享受你的快乐。"A安心地接受别人真诚的祝福。

11. B闭上眼睛，双方安静地坐着，反思刚才给予和接受喜悦之情的体验。

12. A睁开眼睛，B继续闭着眼睛。A开始想象B可能拥有什么样的快乐、成就和能力，可能得到过多么丰盈的爱意与祝福。A默默地向B表达欣慰之情，真心为他的幸福而高兴："愿你永远沉浸在幸福的溪流之中，愿你能痛快地享受你的快乐。"B安心地接受别人真诚的祝福。

13. A闭上眼睛，双方安静地坐着，反思刚才给予和接受喜悦之情的体验。

14. B睁开眼睛，A继续闭着眼睛。B开始想象A可能在生活中经历了哪些曲折和起伏的际遇。B祝福A要以平常心态坦然面对，在生活的波涛中懂得进退和取舍，永远保持内心的稳定与谦和。A安心地接受这些取舍之道。

15. B闭上眼睛，双方安静地坐着，反思刚才给予和接受平常心、取舍心的体验。

16. A 睁开眼睛，B 继续闭着眼睛。A 开始想象 B 可能在生活中经历了哪些曲折和起伏的际遇。A 祝福 B 要以平常心态坦然面对，在生活的波涛中懂得进退和取舍，永远保持内心的稳定与谦和。B 安心地接受这些取舍之道。

17. A 闭上眼睛，双方安静地坐着，反思刚才给予和接受平常心、取舍心的体验。

18. 两个人都闭上眼睛，默默地体会和接纳对方传达的慈爱之心、悲悯之情、喜悦之感和取舍之道，仔细品味自己和对方心里有什么变化。

19. 一起睁开眼睛，再次温柔地四目相对。互相鞠躬致谢，感谢彼此共同创造一次珍贵的体验。

这些句子为我们的练习提供了一个表达范式和内容重点，它的主要目的是让两个人都能体验到大脑默认网络模式的积极作用，想象对方的经历，并从内心深处给予温柔的祝福。这一过程会加深我们尊重自己与他人共情的能力，也会反过来引导我们放下戒备，坦然接受来自他人的关爱和帮助。

人类是社会动物，我们的亲朋好友、同事搭档，还有社会及人情关系网里的人都可以成为我们恢复勇气、战胜困难的资源。大脑在与其他大脑的互动中学习效果最好，因此人与人之间的共鸣关系是加强我们心理韧性的关键。本章提供了许多练习来加强这种人际连接，比如尊重共通的人性、寻求帮助、不带羞辱和责备的沟通、协商改变、设置界限、修复裂痕，以及宽恕和反思实践等，这些都可以让你充满韧性、勇气和坚持的力量，让你从容地面对人生困境，永远积极努力。

下一章将介绍一些让你能够有意识地反思的练习，你可以尝试对任何有可能破坏心理韧性的长期习惯做出改变。

第六章
反思智能练习

正念、洞见、智选、平静

> 接受现实。接受已经发生的事情是克服任何不幸后果的第一步。
>
> ——威廉·詹姆斯（William James）

通过之前的练习，我们已经学到了反思智能的核心实践方法，它可以支撑心理韧性，让我们清楚地觉察、明智地选择，训练我们对困难的看法和反应。在练习中，我们一直在强化反应灵活性，也就是处变不惊、平稳转变的能力，这是洞见和智选的关键一环。

本章介绍的正念练习，可以让我们觉察和反思大脑复杂的"思考"模式，这些模式可能会破坏我们的心理韧性，但如果我们愿意，也可以重新组合它们。我们将学习如何将大脑功能从聚焦处理模式（这种模式允许你有意识地觉察大脑创建的和你想要重启的所有模式）转换为散焦处理模式，这种新模式会让我们仅仅意识到大脑产生的各种情绪模式（所有神经元激发的感受），却不会被其中任何一种情绪困住或压垮。

锁定这样的平静正念，我们可以清楚地感知到任何事物都是不断流动、不断变化的。认识到"这一切终究会过去"其实是生活本身就有的反应灵活性，对于我们每一个人都有效。我们的一生都在转变、成长、进化，就像巴克敏斯特·富勒（Buckminster Fuller）所说："我就是一个'动词'，我们可以在必要时彻底重塑自己，以应对生活中源源不断的挑战。"

我的一位朋友，也是长老会的牧师安迪·德雷切尔（Andy Dreitcer）曾说，平静正念可以让我们"认真对待一切，也轻松对待一切"。我们可以遵守内心的道德罗盘（这是前额皮质的另一个功能），面对不同情况做出明智的选择，就像霍华德·瑟曼（Howard Thurman）所说，你可以"用平静的眼光看待生活"，然后无所畏惧地茁壮成长。

静观自己的内心

很多人认为正念是一种思考方法或认知模式，而事实并非如此。正念是与世界相处而非思考世界——它需要在你经历的时候清醒地感知你正在经历什么。这种对体验的感知、反思和反应会在大脑中创造出不同的选项。当你知道自己可以有多种选择时，就能够随时妥善地应对发生的任何事情。

让我们来看看一些基本的正念步骤，这对我们恢复心理韧性十分有帮助。

1. 停下脚步，活在当下

无论是出于缺乏经验、防御心理，还是动荡剧变，人们往往在面对困境或灾难时，很难想到可以后退一步，想一想自己眼下有些什么选择。他们的反应通常是："不能坐以待毙！总得做点什么！"有时我们确实需要迅速行动，把反思和喘息留到以后。但如果我们能在做出反应之前先思考，就会给大脑留出充分的时间和空间去发现问题的症结，让我们的处理更加积极灵活。

当你潜心思考眼下的事情时，你就会懂得不该逃避现实、不该左右摇摆、不该遗世独立，而是要活在当下，真正参与到你当下的经历中。

2. 觉察并承认

从单纯的发现开始："这是……正在发生。"也许你不能马上说清楚眼前的一切，也许你更直观的反应是："我完全搞不清楚到底发生了什么！我又迷惑又害怕！"承认并定义这种体验（比如困惑、绝望、恐惧），是能够抽离并观察这些体验而不沉陷于其中的第一步。这一步需要前额皮质参与来管理你的反应，这样你就能觉察正在发生的事情，并选择应该如何回应。

3. 允许、容忍、接受

在本书中，你一直在练习这个步骤：首先是允许——我们要允许各种情境发生，允许自己有各种自然的反应；然后还要容忍——容忍所有体验，包括你对自己处理问题的能力和结果的看法，只有这样你才可以拥有稳定的心态，不会被各种坏情绪一触即发；最后是接受——这种接受不代表你要马上喜欢、赞同或宽恕你的处理方法，而是要为各种困难和情绪腾出宽敞的空间，这样你才能稳妥有效地迎难而上。

4. 观察

与其沉浸在当下的苦难中，不如试着让自己从中解脱出来，再去观察它，就像你坐在看台上观看篮球比赛一样。你可以站在旁观者的角度观察眼下的事情以及你自己的反应，但不必认定这些反应就是你的本意，也不必担心一切都无法转圜。比如说，与其认为自己是一个易怒的人，觉得自己随时随地都要生气，倒不如观察自己，表达"我现在感到非常愤怒"，甚至"现在的愤怒感非常强烈"诸如此类的感受。这种抽离和观察使你的大脑有了新的选择，而不再像以前那样机械地自动响应。

5. 思考日益复杂的情况

之前我们已经练习过，主动并专注地体验身体的感觉、呼吸、触摸和运动等状态，觉察复杂而微妙甚至是一连串的情绪；还练习过感知内心那些可能对我们造成影响的积极或消极信息，判断自己和他人之间的互动是不是也会有正面或负面的影响。

在这一章中，我们将学习如何处理"心理内容"，包括思想、信仰、假设、价值观、看法、身份等等，因为这些复杂的思维结构也可以支持或破坏我们的心理韧性。当我们掌握思维的过程，就可以创造、控制和转移那些思维。这会增强我们的反应灵活性，让我们改变和重组哪怕是根深蒂固的信念，比如"我就是这样啊！"之类的想法。

6. 辨别选项

反应灵活性不仅需要觉察可能出现的反应，还需要预判这些反应可能产生的后果。在这一步中，你要将正念的力量与前额皮质的认知水平结合起来，去思考"问题和结果是什么"。这些能力帮助你分析、规划、判断，最后做出选择。将它们与正念静观相结合，可以让你"监测和修改"自己处理问题的方式，不仅在当下好用，而且长期有效。

7. 做出明智的选择

灵活妥善的选择是你的价值观和内在道德罗盘共同作用的结果。每一个部落、文化，以及哲学体系和精神传统，都必须思考和传授它认为能够最好地指导人们应对生活挑战、增强幸福感受的价值观和道德体系，因此，那些指导你做出决定的价值观，往往会受到背景和文化传承的制约。

道德感是前额皮质的功能之一，但判断个人道德罗盘的是非曲直已经超出了本书探讨的范围。然而，如果生活现实与你心中的价值观和道德体系产生了碰撞，你的心理就很容易失去惯有的平衡，陷入一种扭曲。当你的内心极度失衡时，你会变得脆弱敏感，难以支撑下去。

本书的主旨并不是要改变或重新定义你对善恶美丑的评判。你学会允许、容忍和接受各种问题，正是为了变得灵活通透，为了明辨是非好恶。正念静观能够让你觉察并反思你所作出的选择是否符合你内心的价值标准。

专注于生活的体验

当你学会从聚焦处理模式（这种模式可以让你意识到眼前发生的事情）转变为散焦处理模式（这种模式可以让你想要做出反应）时，反思智能就会启动，你所感知到的事件、信息和情绪等等，都可以自行发生改变。

几年前，我参加过一次长期的正念冥想课程。经过一周的练习，我的觉知能力已经进入一种稳定状态。有一次午饭排队时，我发现餐厅里的花椰菜都被别人拿完了，见此情景我就不自觉地沮丧起来。当我觉知到自己的情绪正朝着消极方向滑坡时，我就一下子放松下来，这种沮丧的心情也自然消退了。

那天下午，我坐在院子外面一堵低矮的石墙上，俯瞰绵延远去的峰峦和山谷。我的目光所及尽是金光闪耀的草场、清澈如洗的蓝天、温暖和煦的微风，空气中飘荡的都是加州夏日简单而宁静的满足。过了一会儿，我的注意力集中在距离我5米远的一棵树上，我欣喜地看到有一片银杏叶正在微风中曼妙起舞。我开始想象自己就是那片随风轻摆的叶子。

我的意识自然而然地从那片轻柔浮动的叶子扩展到那棵树，感受自己就是那棵大树，深深扎根于大地，伸展着躯干擎起几百片灵活娇俏的树叶，然后又变成吹拂树叶的微风，再变成怀抱着我的整个大地和开阔的天空，万事万物都是自己意识的存在。我感受到一种幸福的力量，体验到自己与万物合为一体的感觉，尽情放松自己在天地间恣意遨游，清醒地觉知："这种感受太令人愉快了！"

我在那里待了差不多一个小时。当铃声响起，我要回到室内时，我意识到这段经历也只是一种大脑反应模式——也许对我来说是一种全新的模式，是一种美妙的自发启动模式，但总归只是一种思维模式而已，它会自在地来来去去，就像我们学会的其他心理模式一样。

我明白所有的体验都是动态变化的，各种情绪和模式总是来了又去。所有感受都只停留于当下和片刻，无论是快乐、悲痛或中立的体验总是自发地来去。我可以选择放弃这些模式，让自己停留在更大的觉知中，旁观和体会这些状态的生发往复。这使我们能够保持一种深刻的平静，无论面对什么情况，都能做出明智的选择。我意识到自己随时可以改变（改变也是必然的），而且可以根据需要自已创造转变。在本章中你也可以学习如何激活这些变化，无须像我这样花一周的时间来参加冥想课程也能做到。

寻找内心的平静

> 正念仅是让你意识到当下发生的事情，而不会寻求突破和改变。它可以让你安心享受快乐，但不去纠结快乐会不会长久（它的确会消失），也可以让你忍受苦痛，却不会害怕永无出头之日（所以风浪都一定会过去）。
>
> ——詹姆斯·巴拉兹（James Baraz）

我们要接受一切事物背后的现实，那就是万事万物都在变化，没有什么是一成不变或永恒无尽的。认识到这一点，你才能够放下过去和其他让你痛心的事情。你将学会接受事情出现各种意外，或者没有按照你的期待发展，而且永远相信自己在任何需要的时候都能够灵活地做出改变。这种稳定的神经感受会促进大脑的神经可塑性，使其能够识别新的选项，获得勇气做出选择。

建立新制约

当大脑注意力的神经回路稳定运行时，你就能够清醒地面对现实，认真思索事件的原貌之后再选择做出改变。

第一级：应对小风浪

下面的练习介绍了通过正念冥想来稳定觉知的基本步骤，可以培养你对当下的感知能力，让你在事情发生的同时看清事情的本质，这样你就可以很快平复，回到宁静平和的心灵家园。

👉 **练习 6-1：稳定觉知**

1. 把注意力集中在呼吸上，静心缓慢地吸气、呼气。聆听呼吸的声音，感知呼吸的过程在你的身心中来去。让意识聚焦于膝盖的疼痛，先认真感觉它，再从这种感觉中抽离。

2. 通过专注日常生活中的小事来训练你的专注力，同时稳定你的觉知。比如，当你洗盘子的时候，留意自己每时每刻的体验，感受双手浸在泡沫中的触感，把盘子从水槽中拿出来控水的时候，感觉一下盘子的重量。如果你发现自己走神思索下一顿饭吃什么的话，请把你的思绪拉回到当下。这是你的大脑在聚焦和散焦模式之间进行的切换。当你意识到自己走神时，可以及时让注意力重新回到洗碗上来，逐渐增强大脑聚焦的能力。同样，你也可以利用洗澡、梳头、开关窗、穿脱衣服的过程来锻炼大脑的专注力。

3. 留意产生觉知背后的意识。在日常小事中多加留意，让自己时刻清醒地意识到自己在做什么。当你明辨自己正在经历困难或痛苦时，这种觉知和判断就会成为一种避难所，让你快速恢复。

4. 在练习的过程中，留意你脑海中出现的任何关于自己表现如何的评价或判断。这种心理内容也要成为你觉知的对象，当你觉察到各种情绪和想法，就可以放下它，继续把注意力集中在眼前的事情上。

你要感知的对象就是每时每刻的呼吸，以及眼下正在洗的碗、穿的衣服或者系的鞋带，等等。我们正在做的事情就像舞台上的表演，我们对这些事情的觉知就像后台的剧务，但你也可以学着让这种觉知也积极参与到舞台上来。当你遭遇考验和挑战时，及时认清这一点就十分重要。

👉 练习 6-2: 觉知进进出出

人类的生活中总是伴随着各种觉知的进进出出。然而这并不是"错误"，而是人类大脑的工作方式。当我们没有刻意地将注意力集中在某件事上时，大脑就会"放飞自我"，自动进入默认网络模式。

我们可以观察自己什么情况下善于集中注意力感知当下，什么情况下无法集中注意力，这样的留心可以帮助大脑完善注意力的神经回路。这个练习听起来很简单，但实际上并不容易做好！这个练习可以带来显著的效果，有研究发现，在长期冥想者的大脑结构中，负责集中注意力的脑细胞体积明显变大了。

1. 把注意力集中在呼吸上，感受吐纳之气。
2. 把每次吸气和呼气的循环算作一次呼吸，请做 10 次。在这 10 次呼吸过程中，要保持自己的精力集中，做完之后再来一遍，再数 10 次呼吸。

3. 如果你发现自己在呼吸到第 5 次或第 7 次的时候走神了，请重新把注意力拉回来，然后再重新开始。第一次练习时，你会发现专注地呼吸 3 次都很难，自己的思想总是在走神。出现这样的情况也没关系，不必感到羞愧自责，也不必给自己下什么结论或贴什么标签，只要重新开始，坚持下去就可以。

在这个练习中，重点并不在呼吸的次数上。呼吸只是一个追踪注意力和稳定觉知的手段和过程，专注的力量对于增强我们战胜艰难险阻的能力来说，才是无价之宝。

☞ **练习 6-3：追踪变化的体验**

随着专注力的提升，我们可以更轻松地观察到我们的聚焦目标是如何随着时间推移自动改变的。

1. 选择一个想要觉知的目标，在一周、一天、接下来的两小时或两分钟里持续地感受它。你选择追踪的东西可以非常简单，比如某种蓝色或圆形。
2. 选定要追踪的目标之后，也要追踪它本身的变化以及你对它的觉知和反应的变化。
3. 同时，你也要注意觉知后台的变化，也就是关注自己在追踪的过程中，感受是否稳定。
4. 当你能够在各种动荡和变化过程中保持稳定觉知时，可能会想要选择一个更复杂的觉知对象，比如怨恨或恐惧的感觉。留意这些情绪何时出现、何时消失，同时体会你内心有没有其他情绪随之来来往往。如果目标情绪出现并一段时间没有消退，请你认真思考一下，近期你和他人之间的人际互动有没有受到影响，自己和他人的情绪有没有什么起伏。

当你变得善于集中注意力时，就能够像觉知事物的存在一样，敏锐地捕捉到它们的变化。你会变得更加豁达，对世事更迭、变化无常都更有平常心地看待。如果你总是觉得注意力被什么东西牵绊住了，你可以转向只专注于自己的觉知，也就是单纯去体会而已。

正如我的冥想老师詹姆斯·巴拉兹所教导的那样："当你看透恐惧，就能征服恐惧。"提升觉知能力是增强心理韧性的坚实基础。

第二级：应对困顿和心痛，悲伤和挣扎

有时，我们会被内心的一些想法折磨得几乎崩溃，根本无法冷静思考，反应灵活性也大大降低。也有时，某个想法会引发进一步的思考，让我们对自己产生一些不好的评价或责备，影响情绪的平复。这些思维模式都是帮我们过滤现实矛盾的方式，但在生活中，很可能会适得其反，让我们在脆弱和创伤中越陷越深。

我们可以学习用心觉察自己的想法，触摸那些默认网络模式中令人惊叹、富有创意、眼花缭乱的结构，尤其是当这些结构休息或收缩时，我们也可以体验各种感受的自由来去。在这个过程里，我们会发现一切都在变化，即使是我们对事物最根深蒂固的信念也会改变。明白了这一点，我们就可以理解大脑不遗余力地创造、安装和保护这些结构的过程。

> 问题并不在于问题本身，而是在于事情没有按照我们期待的方向进展，于是才算问题。
>
> ——西奥多·鲁宾（Theodore Rubin）

下面列出了人类用来过滤体验的几种常见思维过程：

1. 假设：我们从过去的经验中学习，基于这种经验，我们有时会认为我们知道的比我们实际更多。我们通过这些假设来过滤我们对现实的感知，而不是真正清楚地看到事情的原貌或当下的需求。
2. 预测：我们假设自己学到的都是对自己有用的，对其他人来说也是如此。我们通常不考虑他人的背景和认可，就把自己的假设投射到他们身上，与心智理论背道而驰。
3. 物化：我们失去了自我或他人作为改变主体的积极感觉。相反，我们把自己（和他人）视为一个物体、一件东西、一个"它"，只是无能为力地受外部事件和他人选择的摆布，却无力改变自己的感受或反应。

4. 读心术：没有经过共情的感受，我们就假定自己知道另一个人在想什么、感觉如何或需要什么，或者反过来假设对方一定知道我们的想法或需要，而不必费心直接告诉他们，常常标榜"如果你爱我，就会知道我想什么"。

5. 忽视积极特质：我们无法在自己或他人身上发掘和表现积极一面，总是贬低自己、看轻他人，忽视对彼此的欣赏。

6. 过度概括：我们可能会夸大某一体验的属性，认为某种体验是普遍、全人类共有、放之四海而皆准的，极端化地把某些事物要么归为"永远"，要么归为"绝不"。我们可能会把事情个人化，过于自以为是，不管这是千真万确还是无关紧要，总把事情看成是永恒不变的。这种过度概括被称为3个P：普遍的（Pervasive）、个人的（Personal）、永久的（Permanent）。

7. 小题大做：我们可能一遇到风吹草动就马上假设出最坏的结果，比如刚打了一个喷嚏，就想着自己肯定是感冒了，这意味着要耽误3个星期的工作，结果是很可能会失业，导致生活全面崩溃——仅仅3秒钟，我们的情绪就从一个喷嚏发展成一次海啸。

8. 非黑即白的思维：我们以绝对的方式看待一切，没有灰色地带，没有选择，也没有妥协的可能性。这种思维僵化会导致反应灵活性严重受损，我们也称之为水泥神经。

9. 无法证明即否认：我们固执己见，任何新的信息都无法改变执念。

看完这些，想想自己是不是也会在思维中发现几种类似的模式。

👉 **练习 6-4：识别破坏心理韧性的思维过程**

1. 回顾一下上面的列表，看看在自己和周围人身上是否能找出其中某一种思维模式，但不要对此感到羞愧或加以责备。稍后在练习6-12中，我们就要学习如何改变这些模式。现在，你只需确定自己身上有哪些模式需要调整就可以。

2. 选择一个你想要调整的模式，最好是简单些的，方便你入手。

3. 花一周的时间在你的思维中追踪这个模式。留意在什么情况下，你会进入这种状态，又会在什么情况下消退。

如果你想要调整它们，就必须先找出你感知和回应问题的常见模式，并发自内心地接受这种模式的原貌。通过练习，你可以逐渐选择越来越困难的觉知对象，来稳定自己的觉知，提高心理韧性。

心理构造可以非常稳定和持久，就像我们生活地区的气候，而情绪却总是起伏不定，更像是每天变化的天气。情绪（天气）可能在你的意识中停留几分钟或很短的一段时间，但如果不被及时排解，也能形成更持久的心理状态（气候）。我们发现，消极的情绪，比如抑郁、沮丧、绝望，往往是人们更容易感受并想要改变的情绪，而快乐或满足的轻松心情大都是我们乐于接受和长期保持的。

在很长一段时间里，作为人类的我们，会受到内心角色、偏好、优先顺序和目标的影响，过滤我们的感知，并塑造我们的反应。举例来说，基于各自根深蒂固的价值观和信念，有人会毋庸置疑地将家庭置于工作之上，也有人坚决地将工作置于家庭之上。我们构建了一整套关于生活哲学、信仰体系和身份认同的模式，这些都过滤了我们对现实的感知和反应。制定生活价值体系是心理韧性的一部分，也是指导我们做出选择的道德罗盘的一部分。但是，一旦我们把自己锁在这种成型而僵化的价值体系中，代价就是我们会誓死捍卫我们认为正确的东西，受到冲击就容易信念坍塌，丧失韧性。

在建立新制约的阶段，我们只需要提升觉知的能力，让自己意识到任何想法都是大脑作用的产物，因此任何想法都可以改变。无论多么复杂的思维模式，我们都可以依据需要将它改变。角色、偏好、优先顺序，甚至整个信仰体系都可以随着时间的推移而改变——事实也的确如此。

👉 练习 6-5：心理状态（气候）变化

1. 选择一种你想要调整的思维模式、情绪、价值体系或角色。想想你对自己的看法，你认为自己是一个足智多谋的管理者？或者是一个一败涂地的无能家长？这种看法会过滤你看待事物的方式，并且塑造你每天的情绪和反应。这种无形的心理环境就像你呼吸的空气或鱼类生存的水域，虽然无比重要，却常常被我们忽略。

2. 把注意力集中到这种模式上来，好好反思它。它在你生命中存在多久了？有没有哪段时间离开了你的生活？它是否随着时间的推移而改变或演化？

3. 尽可能多地思考，努力搜索心中的蛛丝马迹。体会在反思这些模式的时候，是否会唤起任何自豪或遗憾的情绪，不过最重要的还是要带着兴趣和好奇心探索它们。

意识到长期主导自己的思维模式，是调整它的前提。将已经成为常规的东西带到"无限开放的可能性"上来，可以让大脑为学习和改变、提升反应灵活性做好准备。

第三级：应对生命不可承受之痛

如果我们不能好好掌握对体验的觉察力，失去对眼下事情的觉知或者无意识地对当下的事情做出反应，虽然不会直接导致悲剧，但在严峻时刻，如果我们没有关注当下，不思考回应，就可能会陷入更大的麻烦。

在危机来临时，我们很难做到时时刻刻都精力集中，因为这时我们更需要休息一下，也需要寻求他人的庇护。休息或避难的目的是帮助你充满能量，强势回归，清楚地意识到问题的根源和本质，这样我们就可以明智地选择如何回应，以及是否需要调整策略。

👉 练习 6-6：打卡签到

1. 养成每天都定期反省自己的习惯，开始时可以每 5 分钟向自己打卡 1 次，之后过渡到每隔几个小时一次——这样做是为了让你意识到自己身体的所有感觉，在打卡同时反思下面的问题：
   - 此刻我正在经历什么积极的事情吗？
   - 此刻我是否感到困惑或痛苦？
   - 此刻我是否有兴奋、焦虑、孤独或其他感觉？

   你可以根据自己的实际情况来回答，不必觉得不好意思或者有自责之感，也没有必要立即改变或修复任何东西。你只是觉察到当下的事情，感受它，与之共处，然后决定你是否需要就内心的某个想法、情绪或行为做出调整。

2. 如果你确实觉得有些事情需要改变，再花点时间反思一下。你对眼前的事情有什么感受？能不能找到更灵活、更有效的手段来应对？

通过培养一种经常打卡签到的自省习惯，你会拥有更加清醒的洞见能力，从而做出明智的选择。这些练习都会加强你神经回路的反应灵活性。当然，最好采取"小幅多频"的方式。

👉 练习6-7: 放弃执念的故事

除了时刻注意你的感觉之外，觉察自己可能陷入哪种思维循环也十分重要。在我们冥想圈子里流传着这样一个段子，一旦你开始关注自己的想法，就会发现自己脑海中有一个十大想法列表在循环播放。如果你能注意到这些循环，就能改变它们。

1. 每天都要检查自己的想法。我现在在想什么？更重要的是，我为什么会这么想？这种想法是让我感到轻松和自由，还是焦虑和担心？我有没有陷入哪个思维的循环无法自拔？
2. 把检查的结果记录在一周的日记里。需要强调的是，你只需要清楚地觉知、忠实地记录，而不必感到羞愧或自责。
3. 一周结束时，看看你是否能找出你反复出现频率最高的5个想法或思维模式。
4. 选择一个反复出现的想法来练习，关注它的来去。你希望大脑高效传输和接收信息，但又不想陷入无休止的定式循环中。一旦这个想法催生了一些建设性的行动，产生了一定效果，你就可以放手让它离开，不要纠缠和重复。

放下一个想法或思维模式是一种新奇的体验。你可以利用前额皮质的巨大力量来感受这种体验的独特之处。但是，当你能够在体验之后就将它放下，敞开心扉去接受其他可能性时，你的反应灵活性就会增强。"我就是这样，我必须坚持到底"有时是正确的。但当这种想法不合时宜时，放下执念可以让你对其他更理想的选择持开放和接受的态度。

重新制约

当你意识到无论是思考的内容还是方式都可以改变的时候，你就可以观察这些想法和过程是如何频繁又快速地自行变化的，从这时起，你就可以开始辨别如何通过自己的明智选择来改变它们。

第一级：应对小风浪

通过强化正念静观的神经回路，你可以学会感知并改变思维，无论是思维的内容还是方式，从而突破这些思维模式之前对你的反应灵活性的限制，让自己变得坚强有力。

👉 练习6-8：创造转变

1. 回想那些你在生活中创造了转变的时刻，这种成功的转变也许十分微小，甚至你都没有意识到它。我可以举几个例子：
   - 你在办公桌前工作，没有注意自己的思维过程，片刻之后你走到户外呼吸一下新鲜空气。你突然反应过来，刚才自己的思维已经僵住了，休息一下，活动一下筋骨，你的思维就再次活跃起来，自己又充满了活力。
   - 当你感到焦虑的时候，给朋友打个电话倾诉一番、和小狗嬉闹一阵儿、出去走走、泡杯茶，或者吃点巧克力，然后觉得情绪得到了改善，至少是看起来好多了。

2. 列出5个例子，说明你已经习惯了在无意识的情况下积极做出改变。

3. 列出你想要改变的清单，然后决定你想要先改变哪一些。例如：
   - 每次要给你那啰唆的姐夫打电话时，你都感到很烦。下次你可以在另有安排的忙碌间隙跟他通电话，或者在通话之后去做一些积极的事情，让自己迅速晴朗起来。
   - 早上一睡醒，你就为当天的待办事项感到焦虑。你可以尝试在起床前花5分钟练习感恩，或者在确认待办清单之前读一首诗或一句鼓励的话，来转换你的情绪。

4. 用一周的时间来练习这些转变，然后看看自己是不是变得更加勇敢有韧性了。

"小幅多频"的练习效果最好。当你赋予自己创造转变的能力时，也会加深对自己的信任，然后你就可以将这种反应灵活性应用到更有难度的转变中。

👉 **练习 6-9：发现过去的转变**

如果我们能意识到生活中的许多模式已经发生了改变，无论是无意识的改变还是有意识的调整，都会让我们更容易接受更多转变的可能性，并将这些能力作为必要的手段来增强我们的心理韧性。

1. 想出并写下你在成长过程中学会但已经不再坚持的 5 种信念或习惯。
2. 对于以上每一种转变，反思一下是什么原因造成了这些转变，是自己的反思或选择起到了关键作用，还是很大程度上是随着时间推移而自行发生的？

这个练习可以打破旧观念对我们的限制，我们不再相信，曾经视为真理的东西就永远正确，我们得到了勇气冲破藩篱，寻求改变。

👉 **练习 6-10：从"应该"变为"可以"**

我们都有一套无意识的语言模式，能够过滤我们对各种体验的感知，塑造我们对事件的反应。"应该"和"必须"都是我们常见的模式。"应该"和"必须"暗示着义务、责任，甚至是对与错的判断，往往我们的大脑一面临这样的要求就会防卫和收缩。将每个"应该"变为"可以"，就能打开更多可能性和选择，从而增强反应灵活性。把"我必须"变成"我可以"，可以让我们把转变的想法从负担变成权力，对心理韧性具有很大的益处。

1. 不要把这个练习当成另一个"我应该"的练习，而是要经常提醒自己变成"可以"也是完全可行的。无论什么时候你听到"你应该怎么做"之类的话，都要告诉自己"把所有应该变成可以"，看看自己的想法有没有什么转变。
2. 同样地，每当你自己说出"我必须"（这种情况可能经常发生），也要试着用"我可以"来代替，这种转变会让你认识生命的价值，并对尝试的机会心存感激。体会你对眼前事件和自己反应的看法有没有变化。
3. 即使仍然有些义务的重担无法卸下，那就想想此刻是否有什么正面的事情发生。让这种积极的认知重新启动你的大脑，让它变得乐观向上、善于学习。你可以想着，"我可以在这个周末把税交完""这周我可以每天早上送孩子们去上学"而不是"必须周末交完"或者"必须得早起送他们"。

"应该"会产生一种下意识的期望和要求，如果我们没有做到，就会受到批评和谴责。"可以"会创造一种下意识的可能性，让我们为自己的学习和成长感到骄傲。留意并改善你对自己说话的方式，换个轻松的方式与自己相处，可以让你创造明智的行为改变，这种充满机会的自我对话会让你变得坦然安定，心理韧性大幅提升。

第二级：应对困顿和心痛，悲伤和挣扎

以正念静观为基础的认知疗法中一个核心练习就是识别那些破坏你的心理韧性的无意识消极想法（ANT），创造出更多无意识积极想法（PAT），来消解习惯性消极自我对话。你可以通过重新制约来重构受限制的信念、心理模式，以及消极脆弱的整体心态。尽管这些练习都是使用一种想法来调整其他想法，但你仍然可以利用学会的有关身体智能、情绪智能和人际智能的练习重组你的大脑。你能点亮的神经网络越多，重塑也就越彻底。

👉 **练习 6-11：变消极为积极**

1. 想好并写下 5 条来自你内心不同层面，并让你感到自己不称职或不如人的习惯性信息，比如下面这些：
   - 你太懒了！
   - 你以前一事无成，现在怎么敢觉得自己能做到呢？
   - 真的吗？你真的觉得他们会对这个主意感兴趣吗？

2. 对于每一个无意识消极想法，想出并写下至少一个无意识积极想法作为对策：
   - 我对自己真正感兴趣的事情充满动力和激情。
   - 我一直在研究和观察别人是怎么做的，我也准备试试。
   - 我喜欢这个主意！我想试试，一定能找到和我意见一致的人。

3. 只要你肯相信，无意识积极想法就可以对无意识消极想法做出有力调整。首先，练习每天对自己多说几次积极想法，直到它们"习惯成自然"，最后你可以完全不假思索地脱口而出。

4. 然后将每个无意识消极想法和一个无意识积极想法搭配起来，每天大声念几次。

5. 逐渐减少说出消极想法的次数，只重复叙述积极想法。

6. 下次再有消极想法从你的脑海中冒出来时，留意一下积极想法是不是也不请自来地帮忙克制它。如果是的话，那太好了！你完成了重新制约的目标。如果没有，你要继续练习，直到成功。

这项练习可以帮助我们重新建立良好制约。有意识的改变会激发有意识的神经回路重塑。当你控制局面的能力日益增强，就可能会催化自我意识的进一步重组，你也能变得更加坚强有活力。

练习6-12：重塑完整的思维过程

你不仅要留意觉知个人的想法，还要觉知大脑产生这些想法的心理过程，这样你才可以调整这些过程。我们要知道，正念和思考并不相同，如果你对自己的感受或产生这种感受的心理过程足够留心，你就可以觉察到它，进而调整和修正它。

这是高级的大脑训练，请给自己足够的时间和自我鼓励来学习。

1. 从第158、159页列出的选项中选择一种常见的或你注意到自己有的习惯性思维过程。在这里我们选了3个最常见的例子：
   - 忽视积极特质
   - 过度概括
   - 小题大做
2. 找出你自己时常陷于这一思维惯性的表现：
   - 忽视积极特质："等等，我是不是错过了一个高光时刻？难道我没有听到那些本该是赞美的话吗？"或者"刚才差点被车绊倒时，我是不是光顾着惊慌，错过了女儿跑过来给我的拥抱？"
   - 过度概括："刚刚自己在5分钟内连说了3次'绝不'"或者"我发现自己总是对号入座，感觉被孤立，抓不住重点。"
   - 小题大做："天啊，一走进厨房就忘了自己要干什么，忍不住要想，我是不是得了老年痴呆症？"
3. 找到摆脱这种思维模式的解药。
   - 忽视积极特质："让我想出5个积极的方面：第一，我还好好地活着。无论我想干什么，都能想办法去做。第二，我现在还拥有家人的爱和善待。

第三，我还拥有好情趣，可以停下来欣赏太阳、云朵、树木和鸟鸣的美妙。第四，我的记忆力尚可，尤其是对于好事——哦，是的，雪莉说我穿这件衬衫很好看，我没费吹灰之力就记住了这句赞美。第五，事实上，就在今天早些时候，我还在享受自己的美好想法。"

- 过度概括："现在让我来看一下这3个P（普遍化、个人化、永久化）的问题。这个问题很普遍吗？是的，这样的情况不少，但并不是世界上每个人都会因为这位客服态度不好而无礼回敬。那他是针对我吗？也不见得，他今天早上很可能也对我之外的其他人出言不逊。问题会永远存在吗？好吧，那通电话结束了，这个问题也不存在了。下次我打电话时，应该就会换了一个客服接电话，不必放在心上。"

- 小题大做："算了，没那么严重！还是想想眼下的事。我忘了走进厨房要拿什么，是因为我当时在想别的事情。下次在厨房时，我要专心点。心无旁骛恰好是有助于预防阿尔茨海默病的生活方式。放松点，我没事。"

4. 写下这些良方，当你发现这种思维模式冒出来时就可以使用。观察这些方法是否能帮助你快速捕捉并切断这种模式。

请正面肯定自己在觉察和改变这些习惯性思维过程方面所做的努力。通过练习和觉知，你可以增强大脑的反应灵活性。调整思维过程本身也是一个新的制约过程，能够很好地修复你的大脑。

和以前一样，采用"小幅多频"的方法，给调整大脑创造最大化的成功机会。调整那些产生消极思想的心理过程是一项艰巨的任务。要改写最深层的神经编码过程，可能还需要更长时间内更多次的练习。

把关于这项练习的每个"应该"都变为"可以"，也不必纠结这到底需要多长时间。我会给你介绍一个提高大脑反应灵活性的好办法——千万不要觉得"我做不到"，你只是"还没有做到"，坚持下去一定可以成功。只要相信这个练习对你有用，它就能给你十足的帮助，增强你的心理韧性。

> 船停在港湾固然安全，但这并不是造船的目的。
> ——美国海军少将格蕾丝·霍珀（Grace Hopper）

心理学家卡罗尔·德韦克（Carol Dweck）在其著作《终身成长》（*Mindset*）中描述了两种截然不同的思维方式，可以极为准确地预测人们达成目标的可能性，也就是我们熟知的固定型思维和成长型思维。拥有固定型思维的人会认为，他人的成功都是具备先决条件的，如果足够聪明或者天赋卓越，就会很容易成功，否则就不值得尝试，因为根本没有成功的可能。固定型思维使得他们很难接受关于如何做得更好的建议。经历一次失败或挫折后，他们就会马上放弃，不再继续努力尝试，甚至可能把自己的失败归咎于他人或环境。这种固定型思维会导致他们逃避挑战，不愿承担失败的风险。

在成长型思维中，人们相信成功更多地取决于努力，而不是天赋或智慧。如果我们坚持努力，就会越做越好，在实践中不断提高，最终取得成功。拥有成长型思维的人在遇到挫折时不会怨天尤人，而是积极寻求指教，他们更有可能寻求新的挑战，在遇到困难或出错时不轻言放弃。正如我们所能想象的，成长型思维也能更好地培养我们的反应灵活性和心理韧性，而固定型思维则会让我们脆弱敏感，无法承受生活的重担。

☛ 练习 6-13：改变思维

要练习识别和改变自己的思维，请按照以下步骤练习：

1. 回想一下你面临挑战或是遇到不熟悉情况的反应，看看自己的思维过程和行为方式如何。看看自己有没有哪一次以固定型思维面对看似力不从心的局面，而导致了退缩、犹豫或拒绝尝试的结果。再看看有没有哪一次以成长型思维指挥了你的行动，激起兴趣、好奇心和信心，勇敢地放手一搏。我们大多数人都曾经有过这两种经历。

2. 当你以成长型思维行事时，反思一下是什么让你做出了尝试的决定，以及你在尝试的过程中付出了哪些坚持，找出内在和外在因素。

3. 在你陷入固定型思维的时刻，想象一下你本可以做出不同的反应，比如从他人那里寻求勇气，接受他人的鼓励去勇敢尝试、积极参与和不懈坚持，直到取得成功，或者至少在努力的过程中获得成就感与自豪感。

4. 设想一种你想要尝试用成长型思维而不是固定型思维考虑的事件，最好是一个你实际上有可能获得成功的事情，这和之前"从简单入手"的原则一致。你可以利用已学习到的工具，比如把每一个"应该"都改成"可以"，激活你的韧性特质，接受别人真正的赞誉，等等，来完成固定型思维到成长型思维的转变。改变之后，反思这一转变对你的心理和行为的影响。

当你选择改变思维时，就是在选择以一种积极的方式加强你的反应灵活性。通过练习，你会对自己的心理韧性越来越自信。

第三级：应对生命不可承受之痛

即使是面对生活中最困难的事情，我们也可以通过练习来调整困境对我们身心的影响。重新构建是一个有意识的反思过程，它允许你"重写"一个故障或错误，甚至一个可怕的灾难，将其变为另一个成长的机会。正如神经科学作者乔纳·莱勒（Jonah Lehrer）所说，通过"把一个令人遗憾的时刻变成一个值得学习的时刻"，你可以改写自己对事件的感受和关系，在某种程度上挽回痛苦体验造成的不良结果。

这个过程有时被称为在黑暗中寻找一线希望，或是在失败中得到珍贵的礼物。我们若是能够从过去的失误中找到教训，甚至是在回顾时更清楚地看到更多选择，那么，在未来遇到类似情况时，我们就可以用更娴熟更灵活的反应来做出妥善处理。

👉 练习 6-14：在失败中找到礼物

> 失败不是致命的，但不做改变可能是致命的。
>
> ——约翰·伍德（John Wooden）

1. 还是从小事情着手。回想某一次的经历，当事情出了错，你仍然能够发现一些正面的东西：在你的反应中，在其他人的反应中，在一个你绝对无法预料的结果中。这可能是一件很简单的事情，就像意识到，"如果我没有错过航班，就不会在机场遇到一个大学时的老朋友"或者"如果不是在找丢失的钱包，我就不会在床下发现蒂米的旧泰迪熊"。伴随失误而来的好事可能无法弥补刚刚的损失，但即使只是一个小小的益处，也能让我们看到以前没有认识到的结果或道理。这会让我们明白，即使是面对逆境，生命的馈赠也从未缺席，也就是我们常说的"塞翁失马，焉知非福"。

2. 再想想另一次，同样是事情出了问题，但你确实没有找到任何好处。即使是在这种情况下，也要寻找你可以学到的教训，想想当时还能有什么选择。如果当时处理得更加灵活、妥善一些，会改变事情的结果或你自己的感受或体验吗？试试看，在成长机会中寻找提升自我的方法，让自己始终有信心走在不断学习的路上。

现在，你可以重新编写过去的事件，从中提高反应灵活性。即使你不能改变已经发生的事情，你也可以改变你对它的感受，而这种体验感的改变可以让你现在以不同的方式更具韧性地看待自己。

> 人们总是在给自己讲故事，这样才能理解发生在我们身上的事件有什么意义。在经历创伤之后，人们也常常会倾吐内心的挫败和绝望。作为敢于面对未来的人，他们需要开始重新构建自己的故事，从一种有益的方式看待事物。
>
> ——斯蒂芬·约瑟夫（Stephen Joseph）

天有不测风云，在生活中，我们有时不得不面临一些重大的打击，比如孩子夭折，或者在自然灾害中失去家园。

研究人员发现，写日记是应对创伤性事件的有力工具，因为当你写作的时候，大脑处理这件事的方式与你思考或谈论它的时候是不同的。书写让你更像是一个旁观者，以更广阔的觉知和角度来看待这件事。你会发现，眼下的痛苦只是人生路上的一段插曲，并不会占据整个生命。生活中连缀着许多事件，无论好坏，也无论在经历某件事之后你的生活是否出现巨大的变化，一个一个事件从未间断地上演，每一个都有落幕的时候。你遭受的创伤确实是生活的一部分，这一点我们不可忘记、无法否认或掩盖，也不能当作它从未发生；但你要坚信，任何痛苦都无法取代生活的全部。无论发生了什么，它只在你的生活中占有一席之地，但没有权力支配你的余生。

☞ 练习 6-15: 写一个连贯的故事

即使是很小的事情，也要留出至少 30 分钟的时间来进行书面反思。花点时间仔细想想，为大脑处理信息留出足够的空间，比较容易刺激大脑产生意想不到的新见解。

1. 选择一个你想要练习书写的事件，最好是一件你曾经成功处理过，并且从中学到了一定道理的正面案例。我们希望你通过重温来增强心理韧性，而不是回顾一些不堪回首的创伤，受到二次伤害。（但是，通过经常练习，你就可以由浅入深，逐步处理过去的任何记忆，哪怕是十分难过的那种也没关系。）
2. 依据下面的提示写下你的感受，不要着急，可以慢慢想。
   - 描述当时发生了什么事，造成了什么样的结果。使用正念静观和自我同情的工具，从一个满怀善意的角度去感知和接受事件的再现，尽量客观地看待这件事。
   - 描述你当时使用了哪些资源、行动、方法或策略去应对这件事。实话实说就可以，不必感到羞愧或自责，最好能清楚地回忆事件的细节。最重要的是要唤起你已经拥有的心理韧性资源。
   - 描述一下，如果可以重来一遍，你现在会如何应对。在那件事之后，你可能已经学到一些东西，比之前又成熟、进步了，现在你就可以把自己的收获整合到一起。
   - 描述你学到的道理、获得的经验，还有发现的积极意义。你在这个步骤上花费多少时间都可以，因为这是练习取得成效的关键点。
   - 列出你现在从这件事中得到的益处。心理韧性不仅仅涵盖我们应激和应急的处理方法，更代表着我们总结教训、发现机遇、寻求更多可能，还有调整生活目标与方向的能力，而不是怨天尤人或随波逐流。
3. 当你写好这份记录后，把它放在一边。过两三天，你可以把它拿起来重读一遍，看看在写完当天的基础上，自己是不是有了新的感悟。
4. 一个月或一年后，再读一遍这篇记录，体会自己和这件事之间的关系是不是完全变化了，是怎么变化的。
5. 把生活中所有让你觉得头疼的事件记录成一个连贯的故事。你的大脑会逐渐学会概括这个过程，让你更迅速地重构事件，弱化创伤对自己的影响。

这个练习可以帮你放下那些于事无补的过去，让你懂得反思，变得坚强自信，无论未来发生什么，都会从容接受，走出阴霾。

波歇·尼尔森（Portia Nelson）的《人生五章》（*Autobiography in Five Short Chapters*）体现了创造新制约和解除旧制约的过程中使用反思智能所激发的反应灵活性：

第一章
我走上街，
人行道上有一个深洞，
我掉了进去。
我迷失了……我很无助。
这不是我的错，
费了好大的劲儿才爬出来。

第二章
我走上同一条街，
人行道上有一个深洞，
我假装没看到，
还是掉了进去。
我不能相信我居然掉在同样的地方。
但这不是我的错，
我还是花了很长的时间才爬出来。

第三章
我走上同一条街，
人行道上有一个深洞，
我看到它在那儿，
但仍然掉了进去……这是一种习惯了。
我的眼睛睁开着，
我知道我在哪儿，
这是我的错。
我立刻爬了出来。

第四章
我走上同一条街，
人行道上有一个深洞，
我绕道而过。

第五章
我改道走上另一条街。

解除旧制约

正念静观可以让你培养一种稳定的觉知，把注意力集中在那些正在改变或你想要改变的事件上。这种有意识的反思可以让你看到大脑是如何运作和进化的，你会发现大脑有时可以做到洞见和智选，有时则不然。有意识的反思过程能够加强前额皮质和大脑相关结构的功能，使你的反应灵活性迅速提高，获得进步与成长。

通过解除制约，我们暂时中止了前额皮质的监控功能，让自己不再专注于某一特定思维模式或心理状态。这种放手可以让大脑进入默认网络模式，激起一种不同的反应，你会进入白日梦或天马行空的状态，进入产生直觉和洞察力的心理遨游空间。在这种状态下，你能感受到自己的觉知力，体验一种无所不知无所不晓的洞见感觉。

正念老师有时会把觉知力比作浩瀚的天空，它能容纳所有的乌云和风暴。我们更关注的通常是云朵的造型和风暴的破坏力，而不是包罗一切的天空。中国先哲教导我们说，当我们集中精力时，就像从一根管中看天，未免只见片面。一旦拥有了开阔的觉知，我们就能轻松地放下管子，直接仰望天空的全貌。

第一级：应对小风浪

放下并不等同于隔离、删除或一无所知。它只是让你意识到自己的各种感受，比如你只是打了个喷嚏，你幻想着去夏威夷旅行，或者你担心如果现在的车坏了，还买不起新车等等，觉知到这些感受之后，你要学会放下。你需要练习的是培养一种更广阔的觉知，帮助自己从担忧、抱怨或怨恨的情绪中抽离出来，因为这些负面的感觉可能会破坏你的反应灵活性，至少对你没有什么助推作用。你要学着放下这些负担，从旋涡中跳脱出来，释放出大脑的遨游空间，让你能够洞见、明辨，进而做出最优决策。只要放下了，你就会轻松起来，不太在意眼前的困扰。你不必花太多的精力在自我防御上，反而可以抽出手来处理更重要的事情（希望第四章的练习能帮你建立一个内心安全营垒，即使外界环境发生剧烈变化，你也不会轻易被击垮）。

👉 练习 6-16: 放下思维模式

1. 找一个 30 分钟内不会被打扰的地方，舒服地坐好。集中注意力，关注当下的觉知，把精力集中在这一刻、在自己的身体里。

2. 专注地呼吸。当你发现思绪开始游离，各种想法层出不穷时，你就要重新专注于你的呼吸，把思绪拉回来。

3. 专注于呼吸时，体会那种觉知自己在呼吸的意识。留意你对那个觉知的感受，让它保持更开放、更广阔，对眼下事件（你的呼吸）的觉知状态。

4. 让大脑放松下来，当某种觉知自动出现时，看看它是关于哪些具体内容。比如："哎，我又对号入座了——怎么总是这样。""哦，我经历了所有的灾难，是的，人世凄苦都被我尝遍了。""嗯，我是这么假设的，但这个假设并不对。算了，换个方法再试一次。"你不需要做什么，只需留意这些觉知的出现，然后让它们自行退去，最后将你的注意力拉回到眼下的觉知上来。

5. 你可以根据需要重复练习。"简单地"留意和放下可能是一个能够伴随我们终生的练习，但是随着时间的推移它会变得越来越容易。希望你能坚持一遍又一遍观察自己的思维模式，直到你能准确地觉察，它们只是几种思维模式，而不是你本身。

当你进入更广阔的觉知时，不必担心，你只需要留意到各种想法出现了，然后让它们随即离开就好。你的神经系统仍然在工作，下意识地扫描着周围环境，戒备可能出现的危险。必要情况下，你的前额皮质也会在瞬间恢复对你注意力的监护，让你在任何需要的时候重新凝神聚力。

即使你的思维模式重复、僵化或停滞不前，更广阔的觉知也会让你以一种友好的方式与它们产生连接。你会知道这只是一种思维方式，比如"哦，我懂你，你是因为害怕而不敢尝试"，而不会把这些模式作为你自身。当你转变思维方式，成为一个能够洞见是非、明智选择的人时，你的心理韧性就会增强，遇事冷静勇敢。

第二级：应对困顿和心痛，悲伤和挣扎

反应灵活性对于心理韧性至关重要，要依靠大脑中前额皮质的有效运作才能得以实现。本书中的许多练习都是为了加强前额皮质的功能而设计的。前额皮质发挥功能也能让你保持稳定、真实的自我意识。作为一名心理治疗师，25年来我一直在帮助人们恢复和增强心理韧性，我十分清楚对于我们来说，拥有一个健康、强大、运转良好的自我意识有多么重要。只有那些心理韧性强大、坚强不屈的人，才能在真正意义上茁壮成长。

作为一名从业20年的正念练习者和导师，我也知道从另一个角度"放下自我"的重要意义。我们要学会不把负面的事情对号入座，让自我"溶解"到更大的觉知中。我们可以感悟，但不要随着情绪的来去而起伏，这样才能从痛苦中解脱，自由自在地生活。

放下自我也许会触发神经系统的警报："什么？自我不存在吗？"但下面的练习提供了一种良性、安全的方式，让我们体验释放自我的轻松愉悦感。

👉 **练习6-17：放下自我的呼吸练习**

1. 找一个舒服的姿势坐下来。轻轻闭上眼睛，将你的意识集中在呼吸上，轻柔地吸气和呼气。呼吸时，把注意力集中到当下，感受对呼吸的觉知。

2. 当你的心绪稳定，开始留意周围人的呼吸，或者你想象周围有人在呼吸。你什么都不必做，只需感受或想象其他人在你身旁呼吸。沉浸在这种意识中时，看看自己感受到了什么。

3. 保持对自己呼吸的专注，然后扩大自己对呼吸的觉知范围，去体会更多你认识的人的呼吸，即使他们不在你身边也没关系。留意你对每个人呼吸的觉知，在你专注于此的时候，体会你对自我存在感的认识。

4. 仍然以对自己呼吸的觉知为基础，进一步扩大范围，把你不认识的人也容纳进来，拓展到你所在的大楼外，到社区的其他地方，整个城市甚至整个地区。感知许许多多人的呼吸。再看看你对自我的感受，你只是渺小的存

在，仅仅是在专注于当下，仅仅是在感知。

5. 继续扩展你的意识，与全国各地、全世界的人共同呼吸。再把你的觉知覆盖到一切在公园、森林、地下、湖泊和河流、海洋、天空中呼吸的生物，感受一切生命的呼吸。感受你对自我的意识，你只是简单地存在于当下，微不足道的一个个体。

6. 仍然扩展你的意识，覆盖到所有形式的存在，有些是能呼吸的生物，有些不是，比如空气、水流、岩石都在你觉知的范围内。再次感知自己的存在，觉知沧海一粟一般的渺小。

7. 尽你所能地想象，将你的觉知范围扩展到我们星球之外的其他行星、其他恒星、其他星系，以及行星、恒星和星系之间的无垠空间，体会觉知到无限扩展的奇妙。放松下来，在这广阔的意识中，在这广袤的简单存在感中，你可以完全松弛，完全不要着急，一切都可以慢慢来。

8. 慢慢把意识拉回到当下，重回这一刻，专注于自己的呼吸。花点时间，换个角度回顾一下刚才的练习。你可能会体验到一种轻盈、宽敞或开放的存在感。

经过这项练习和反思，你可能会发现，在某些时刻，你的自我意识消失了。不必担心，在任何需要的时候，你都能在一瞬间找回它。在你进入这种散焦模式时，你不需要自我意识，就可以体验这种广阔的觉知。

第三级：应对生命不可承受之痛

> 赞美与责备，获得与失去，快乐与悲伤，都是来去如风。要想快乐，就要像一棵大树一样，在停停走走的风中轻柔摆荡，但它的根蔓从不真正动摇。
> ——杰克·科恩菲尔德

"像棵大树一样摆荡又稳定"似乎是一种难以捉摸的状态，当生活中的磨难把你抛向悲伤和痛苦的汪洋，我们都会害怕自己会被淹没，再也无法上岸。下面的练习可以帮助你坚守内心的安全营垒，能够看清现实，明智抉择，即使无法掌控事情的走向，也能掌控自己的情绪。

那些练习放弃控制欲、思维模式或自我意识（就像练习6-16和练习6-17）的实践，都十分具有挑战性。在这本书中，我们一直鼓励你去看清形势，做出明智的选择，采取行动去抵御焦虑或恐惧。放弃控制欲并不意味着放弃思考、选择和行动的能力，而是意味着放弃试图控制结果的努力。生活的力量远比我们更伟大，我们不可能时刻看到或理解这种叱咤风云的强大能量。学会放下，才能找到坚持的勇气，当你无法掌控接下来发生的事情时，就只能让自己尽可能地保持坚韧。

👉 **练习6-18：放下控制欲，坚守本心**

这个练习使用的是倾斜思维的方法，有意地使用"我可以"这类的措辞，而不是"我要"或"我必须"，因为这样的表达会无形中给我们带来压力或期望。虽然"我可以"听起来过于温和，不足以应对挑战或危机，但研究人员发现，用"可以"来表达的意图（给予许可，但不是强迫）在激励人们坚持下去,确实比"必须"的说法更有效。

1. 确定一个你在生活中无能为力的情况，虽然你不能控制结果，但你希望能够积极妥善地处理。下面给出了一些例子：
   - 保险公司拒绝了你的车祸索赔。
   - 父亲刚刚确诊患有前列腺癌。
   - 你工作了7年的公司刚刚被恶意收购，你也不知未来将何去何从。

2. 先确定你应对这种情况的目标是什么，包括你的意图和对它的反应，比如：
   - 我能否尽快在保险公司找到接洽的人，让他听听我的意见。当我和他们交涉的时候，要记得稳住呼吸，保持清醒，坚持己见。
   - 我能否帮助父亲找到及时有效的资源来对症治疗，愿我在未来的几个月里能善待父亲和自己。
   - 我能否很快确定自己的工作将会受到怎样的影响，能否摸清楚状况、接受现实，并且调整好自己的心态（尽量避免愤怒、恐慌或羞愧的感觉）。

3. 每天早上第一件事就是把你下周的计划记在脑海里。每过一天，检查自己是否在按照之前的意愿行事。"我可以按照自己的意愿行事吗？"算是一种意图；"当我把事情搞砸了，我可以安慰自己吗？"也算是一种意图。

4. 随着事态变化，你需要重新设定或修改你的意图。"小幅多频"在这里依然适用。有毅力的坚持也可以增强你的心理韧性。

设定一个目标，然后观察自己如何朝着目标迈进，这会加深你对自己和生活的信心，即使是在至暗时刻，也有勇气继续走下去。

信念就是即使看不到整段楼梯，也要迈出第一步。

——马丁·路德·金

坚持下去，保持专注，控制自己的反应，这就是你需要做的。只要你尽了自己的本分，无论事情如何发展，你都能在其中获得更深层次的平静。这种深沉的平静会让你得到"用平静的眼光看待生活"的豁达。

在这一章，我们介绍了许多正念觉知的练习，可以帮助你清楚地看透眼下的困境，控制自己的反应，并且调整那些可能会阻碍你适应能力的习惯性心理模式。通过练习，你可以修正那些失误或者灾祸，找到一线希望和成长机会，培养起一种能承受任何结果的淡定，增强洞见和智选的能力。这些有意识的反思工具对本书讲到的其他智能来说，都具有重要意义。

下一章的重点是学习整合你的所有智能，从根本上强化大脑的反应灵活性，让你在一切困厄面前都能不动声色、坚守本心。

第七章
充满韧性

应对风险和苦难

> 生活的艺术不在于消除烦恼,而在于与烦恼一起成长。
> ——伯纳德·M. 巴鲁克(Bernard M. Baruch)

在本书前几章中，我们已经学会通过加强反应灵活性来获得心理上的进步，采用"小幅多频"的方法，逐步调整大脑，练习使用各种工具来应对韧性面对的各种难题，不管是轻微的动摇还是剧烈的挑战，都不在话下。

我们讨论了具体的智能，包括身体智能、情绪智能、内在智能、人际智能以及反思智能，并分别做了阐释，这可能会让你觉得它们是各自为战、截然不同的。然而事实上，每一种智能都与其他智能息息相关，共同发挥作用。功能强大的前额皮质肩负着整合所有智能的任务，当这些智能运转平稳、配合默契时，我们也能在方方面面做得自然熨帖。

本章介绍了整合智能的方法，可以让我们的心理韧性越来越稳定可靠，让我们更快、更有效地处理破坏程度逐渐升级的各种麻烦。

我想讲一个自己的故事来解释我说的智能整合是什么意思。就在几周前，我对心理韧性中的智能发展又有了新的理解。

当时，我是要到巴哈马群岛的悉瓦南达静修中心（Sivananda Ashram Yoga Retreat Center）给一些学员授课。抵达的时候已经是深夜，舟车劳顿让我感觉很疲累。我需要乘船穿过海湾前往静修中心，但就在上船的一刻我不慎失足，一头扎进水里。我赶紧挣扎着浮出水面，抓住船边，第一反应就是庆幸地高呼："我还活着！我还活着！"

落水的瞬间，我想到电脑还在背包里，跟着我一起泡在水中。我知道这些电子产品一遇海水侵蚀，必然没有挽救的余地，电脑和手机都已经在劫难逃。

不过，仅仅一秒钟之后——是的，我的大脑确实转得飞快，我又突然想到最近发生的山火，它摧毁了我居住的地方以北 40 英里（1 英里 =1.609344 千米）的一大片地区，导致近 10 万人被疏散，5000 所民宅和厂房夷为平地。"相比之下，琳达，你很幸运。你只是损失了一台电脑和一些数据而已。你还活着，还可以好起来。"

当工作人员七手八脚把我拉回船上，一起前往静修中心时，我们都笑了。我还开玩笑说："巴哈马的天气太热了，我已经等不及要下水了！"

悉瓦南达静修中心是一个以服务、和平、关爱和共通人性为宗旨的精神社区，让我想起家乡那些无条件给我支持和鼓励的朋友们。我们一到中心，那里的工作人员就给我提供了新的电脑和手机，但我拒绝了。在 4 天的课程中，我远离了数

181

字设备，专注于在这里分享各种练习和方法，对我自己来说，这无疑也是一次学会冷静处理突发状况、提升自己心理韧性的最佳实践。

当然，后来我也为再次踏上未知旅程总结了许多实用的经验，比如上船时先要留神脚下，在上船前先把行李安顿好，用防水袋打包电子产品，电脑和手机分开存放（这个道理就像举家出行的家庭有时会选择分别乘坐不同的航班，以防飞机失事无人幸免）等，这些预防措施都十分必要。在落水事件发生时，我特意提醒自己，要用自我同情和感恩之心来给自己善待与安慰，而不是自觉羞愧或抬不起头。我始终感念自己还好好活着，还能妥善处理这个问题。我觉得自己做了一个十分明智的选择。

被拉上船以后，大概要20分钟才能到静修中心，这段路程中，我浑身湿淋淋的，直到上岸后才有机会换上干净的衣服去享用晚餐。这个过程让我突然产生了一种对生命和安逸的敬畏之心。我意识到，这些年来我一直在教授的心理韧性训练是有价值的。我自己曾许多次体验过它带来的好处，而且很欣慰地看到这个课程是如何帮助我的许多客户和研讨会参与者走出困境的。在这一刻，我还发现，心理韧性确实可以通过实践的锻炼得到切实的加强，起码"我现在遇事之后的反应方式就与许多年前有很大不同，学会了积极应对，而不是碰到一点小事就暴跳如雷。我做得比预期的要好得多，这是因为我懂得了自我同情，不羞愧不自责，怀有感恩之心，拒绝小题大做。有了强大的心理韧性帮助，我的生活稳定且充满活力"。

不过，毕竟我也不是圣人，对于下周回家后要如何安排忙碌的生活也感到十分焦虑。我在想，应该如何写完这本书的最后两章，又如何对我一天漏掉的200封电子邮件进行分类和回复？订购一台新电脑并把它组装完成需要多久？旧电脑里所有的文件都在家里的硬盘上备份过了吗？电子邮箱联系人和网络密码可以重设吗？这些真是令人头疼的问题。

我要怎么处理这些烦恼呢？我详细地列出一份待办事项清单，把所有担忧的事项都列了进去，准备从到家当天早晨7：30开始执行。写好清单之后，我就轻松许多，在回家开始执行计划之前，我能够专心做好眼前的事情。

当天晚上我睡得很好。每当我再为什么事情感到焦虑时，我就把这些内容写进我下一周的任务列表中。在接下来的3天里，我把全副心思都放在包括心理韧性、正念静观、自我同情，还有自我照料（重点是大脑创伤后的护理与成长）在内的4个研讨课程上。这些课程内容对我自己来说也十分受用，它们巧妙地转移了我的注意力。其实一直以来，我都想尝试不借助电子设备手段来演讲，坦白地说，如果演讲内容足够精彩，没有人会真正留心 PPT 的演示内容。借此机会，我竟阴差阳错地做到了这一点。一天早餐时，静修中心的负责人对我说："生活为你做了这个决定。"

是的，我可以选择通过这件事加深对心理韧性的体验，对生命的可贵和幸福的得失表达感激与敬畏，再利用多年练习出来的平静来应对各种麻烦。

我在去静修中心之前看到天气预报说会有大雨，所以我在电脑里储存了好几个工作项目，准备在不能出去时做一做来打发时间。事实上，那几天天气十分晴朗。没有了电脑，我也没有闲着，而是让自己有机会享受一下电脑落水带来的"福利"——我趁这个机会读了 3 本同行们（也是几位心理临床医生）写的书。要是在平时，我怎么可能腾出时间一下读 3 本书？而且我还保持了写作的进度——当然是用手写！这几件对我来说富有创造性的"壮举"让我感到安心又舒服。我还发现，在正念静观的世界里，专心教学和与这么多虔诚的学者交流让我踏实而放松。我终于体会到了我的朋友道格·冯·科斯（Doug von Koss）的《感恩菜炖牛肉》(*Gratitude Goulash*) 中说的：诗歌与美食是人生最好的解药。

虽然我摔到水里时身体磕碰了几处，出现一些瘀伤，而且没几天就感冒了，但这丝毫没有影响我在加勒比海里游泳的兴奋感，在晚餐时我还与当地的修行者进行了愉快的交谈。

4 天之后的星期一晚上，我深夜才回到家里。星期二早上 7:30，我就到了北湾电脑公司（North Bay Computers），我和这家公司打了 10 多年的交道，关系十分不错。不到 3 个小时（在此期间我去了洗衣房洗衣服又顺路去兽医那里领回家里的猫），他们就把我的电子邮件和文档材料都下载到了一台借来的电脑上，而且在我的移动硬盘里找到了书稿的备份，传给了出版方（硬盘当时也掉进海里了，但是外面有塑料包装，所幸并没有损坏）；又帮我检查了家里的备份，都是最新的数据，最后很顺利地把一切都传到我的新电脑上。

从这个过程中，我又一次深深感到，心理韧性是可以学习和恢复的。随着时间推移和众多练习的积累，我拥有了更多的反应灵活性，可以妥善地应对大小事情。这些练习和方法主要包括：

- 正念觉知：知道自己正在经历什么，时刻关注事态的变化，包括事件本身和自己感受的变化。

- 遇事冷静，先让神经系统平静下来（可以通过把手放在心口、专注于脚下等练习来完成），这让我能够快速恢复大脑的思考功能，看清当下的问题。
- 通过以下方法，尽我所能地积极面对并改变我的内心感受：
  ① 反复练习自我同情的话语，避免陷入自怨自艾的消极情绪或因为一点小事就贬低自己。
  ② 把关注的重点放在生命中值得感激的一切，其实这样的事物足够多，只要你用心就能发现美好的存在。
- 拒绝小题大做（对我来说这次也是个小奇迹和大突破）。
- 学会把未来的事情放到未来去处理，不在眼下浪费时间，学会相信自己可以化解未来事件带来的焦虑。
- 向广阔的宇宙万物敞开心扉，感受慈爱心情的包围（在一个精神社区居住4天当然给我提供了极大的帮助）。
- 相信自己，我很坚强。这种自信本来就是心理韧性的来源，告诉自己"我很好，我处理得很妥当，一切困难都可以战胜"。
- 向他人寻求帮助，在这件事中，很多人无私地向我伸出援手，让我感觉自己并不孤单。无论如何，这种支持都唤起了一种深切的安全感。
- 通过小事故，积累大经验：想想下次再遇到类似情况自己可以做哪些改变，现在还有哪些方面做得不合理。

在人生旅途中，我身上发生的这件意外只是一块小小的绊脚石，并不难克服。相反，有些人会承受失去亲人、失去健康、失去工作或家庭、失去方向感或目标感所带来的挣扎和心痛，这些压力对我们的心理韧性来说都是巨大的挑战。我的观点是，整合本书中提供的练习可以让你做好迎接灾难的准备，当暴风骤雨袭来之际，保持屹立不倒，甚至越挫越勇。

从心理创伤中成长的5个练习

创伤后成长是心理健康学科中的一块新兴领域。从事这方面研究的学者提出了5种方法来促进创伤后的复原和改善，并把它作为一个人是否成功冲破障碍、获得新生的判断标准。

这些内容包括教会人们应对创伤事件、疗愈内心，并从创伤中得到勇气和力量，获得新的态度、新的发现和新的成长，拥有走向未来的更多可能性，增强与他人和社会的连接，对人生和未来持有更加开放和积极的心态。

在本书中，我们介绍的练习正是围绕这些目的而展开。

1. 接受现实

我们生活在世上，不可能事事都强求公平。有些意外本不该发生，但无奈它就是发生了。我们要做的第一步，就是接受既成事实，正向觉知，运用自我同情和自我接受，先梳理事件，平复我们对事件的感受和反应。我们首先要庆幸："我还活着！还有机会好好处理这件事。"

2. 求助于人

当你感到脆弱时，可以求助身边的人，无论是生活中熟悉的、记忆中的或想象中的人都可以为你提供温暖的避风港，让你放松一下，暂时放下照顾他人的责任和义务。这能给你一个喘息的机会，让你有机会运用学过的练习来恢复内心的平衡，整理思路处理问题、疗愈自己。

人际网也可以成为你的心理资源，身边的亲朋好友可以给你鼓励、安全感和实实在在的帮助来让你走出困境。不管你面临多大的困难，不管需要多久才能摆平，你身边可靠的亲友都能帮助你解决它。

3. 发现积极的可能性

我们学习感恩、善良、同情、慈爱、快乐、平静和满足，可以直接作用于心理韧性的建设，让我们变得坚强从容，保持对世界的开放态度和对未来的乐观追求。用成长的心态来面对生活中的挑战，不断学习并且完善学习的能力，也会为心理韧性营造十分正面的环境。保持积极乐观的态度和"看到杯子是半满，而不是半空"的处世角度并不是空洞的陈词滥调，而是被科学证实过的有效方法。

4. 吸取人生教训

正如乔纳·莱勒所说的，一旦你开始"把一个令人遗憾的时刻变成一个值得学习的时刻"，大脑就会改变它对事件的感知和反应方式。在黑暗中找到一线希望，或是在失败中得到珍贵的礼物，恰恰是创伤后成长过程中的重要转折点。从逆境中吸取教训是十分有用的做法，不仅可以引导我们更好地防范未来的风险，也可以更好地解决眼下的困难。

5. 叙述连贯的故事

我们在练习 6-15 中进行过这种学习。不要执着于某一次挫折，把过去或潜在的创伤事件放到人生的大背景中，在生命的长河中感受某个事件对你的过去、现在和未来有什么生动或深刻的影响（自我延续感也是前额皮质的整合功能之一）。经历过某件事之后，人们往往会发现自己对生活的意义和目标有了更深层次的理解，我们的内心日臻成熟，开始产生一种真正安定和坚毅的感觉。

当你把这本书里的练习与自己的实际情况结合在一起，享受和朋友在大自然中散步的惬意、虔诚地练习感恩，或者通过向关心你的朋友倾诉来缓解内心的痛苦时，你的心理韧性就会变得十分强大，甚至达到坚不可摧的程度。你将体会到信心满满的感觉，随时都可以迎接风险和挑战，毫无畏惧地勇敢生活。

建立新制约

反应灵活性的神经回路是发展心理韧性的生理基础，当大脑完成了对这些神经回路的整合，我们的心理韧性就准备就绪，可以应对任何程度的破坏和考验。

第一级：应对小风浪

接下来，我们就要学习为整合利用多种智能创造合理的"配方"，使它们在你的大脑中激活更多的神经回路。

👉 **练习 7-1：整合的秘诀**

为了更好地整合，这部分练习要作为一个整体"配方"的各个步骤来呈现，而不是孤立地进行实践，大家不要割裂开来看。

1. 找一个朋友，一起到美丽的郊外散步。感受你的身心在大自然中放松下来的感觉，享受脚下柔软的草地，呼吸新鲜空气的清甜，聆听树木在风中沙沙作响和周围小狗欢快的吠叫。与朋友分享你的想法、感受和能量，沉浸在有人和你共鸣、懂得你心声的喜悦中。每人花 5 分钟时间讲一讲自己生活中值得感激的事情，可以是你们之间轻松互动交流的时刻，看到绝佳风景而对大自然充满敬畏之感的时刻，以及让你眼界大开、对世界有了更深认识的时刻。再花几分钟的时间来反思整个体验，感受所有智能一起运作的流畅和美妙。当你掌握了这个"配方"，它就会变成一种属于你自己的内在资源。你可以在大脑中多次创造这样的整合时刻。

2. 当你感觉自己在某些方面心理失衡时，试着找出内心需要关注、支持和抚慰的地方。承认内心某个痛点的存在，积极地接纳它。在想象中邀请那位常到你的安全营垒做客的朋友来探望和安抚你的痛苦，让你焦躁的内心和他展开一次对话吧，让他接受你、倾听你，与你达到传情和共鸣。之后反思这段体验，写下你内心的感受，看看自己有没有产生新的见解或者突然感到茅塞顿开。

3. 规划自己的练习"配方"，在其中至少练习3种不同智能，在实践过程中根据你的需要进行适当的调整。

当你把许多练习整合到一个"配方"中时，就是在大脑中创建并加强整合的神经回路，让它以更复杂的方式参与和回应各种难题，这种神经系统的高度适应性会为提高心理韧性打下坚实的基础。

第二级：应对困顿和心痛，悲伤和挣扎

正念减压疗法的创始人乔恩·卡巴·金如此解释增强心理韧性的必要性：

"我们都认可没有人能控制天气的事实。有经验的水手懂得仔细观察并尊重大自然的力量。可以的话，他们会躲避风暴，一旦遇上惊涛骇浪，也知道何时该取下风帆，封住舱口，抛下船锚，做到力所能及的一切，剩下的事就是顺其自然地等待。培养这些技能需要日复一日的训练和操演，以及在各种天气中大量的亲身体验，这样才能在需要的时候一显身手。我们所说的应变能力和适应技巧，就是在培养你面对生活中各种'极端天气'并且妥善处理这些情况的技能。"

☛ **练习 7-2: 预料意外**

你可以时常开展一些预备性的练习，这样当你需要应付麻烦的时候，"训练有素"的应变能力就会自动响应，不会让你焦头烂额或措手不及。你需要做一个清单，还要提前投入练习，才能将有效的应对行为植入神经回路，并把该做的处理按步骤植入身体记忆，确保自己不用费力思考就能按照练习过的模式快速着手

处理，自动采取行动，帮助你做出正确的决策。你还可以用同样的方法来整合各种智能的神经回路。

1. 选一个你需要迅速对潜在灾难做出反应的场景。记得还是从小事入手，比如在时间紧迫的情况下（要在15分钟内送孩子上学，急着去接客户或者去火车站接家人等），却发现车子发动不了了。这时你预备怎么办？先想想，后备厢里有接电线吗？周围有没有关系不错的退休邻居，可以借他的车应急吗？这不仅是在列一张清单，也是在提前演练技能，为了应对不时之需准备好安全网和资源库。你需要在平时就学会使用接电线，以克服紧急情况下的紧张心理。想想要如何跟邻居开口，商量能否在特殊情况下借他的车用一下。一旦你练习好了，就会发现在需要的时候，不必惊慌失措就会自然联想到解决之道。

2. 再选择一个更具挑战性的场景，比如说你在家时突然听到很大一个声响，原来是你的伴侣踩到楼梯上的玩具摔了一跤。你也可以提前进行演练来平复神经系统的紧张。你可以事先排练叫救护车的时候该说什么，或者是否可以请邻居来帮忙，这些身边人都是可以事先培养起来的资源网。你还要训练自己记住重要物品的存放位置，比如钱包、身份证和其他需要带去急诊室的东西。

   我需要再强调一遍，任何人都不能真正控制一切。如果意外发生，仍然会有很多不确定的因素，虽然我们无法万无一失，但有所准备还是可以为我们的心理韧性保驾护航。

3. 再尝试一个更加困难的情况，比如公司突然宣布裁员、你患上危险的急症重症，或者遭遇自然灾害，等等。你要知道这些练习并不是心理上的被迫害妄想，而是要让你保持谨慎的态度，以备遭遇不测时可以清楚自己能做什么，该如何应对危机，这样会加强你的自信，让自己不会轻易被击倒。

建立外部资源的安全网，知道自己在陷入困境时会有人来帮自己的忙，毫不吝惜地带来物质、精神和经济上的支持，这也是我们增强心理韧性的重要底气。在我们大脑的程序性记忆中，建立这样一个安全网也同样重要，这会让我们拥有坚强的心态，熟练地应对生活中的狂风骤雨。

第三级：应对生命不可承受之痛

当你感觉自己正处在麻烦中心，不要害怕，你仍然可以积极设法应对，调动所有智能，保证自己不被旋涡淹没。

👉 练习 7-3：至少我还能

1. 想想你的身体还能做的动作，比如苏醒、起床、走路、吃饭、排泄（这不是开玩笑，我罗列的这些都是我们维持身体健康必不可少的基本功能），感受一下自己还能看清东西、听清东西、分清冷热，可以自己煮一壶咖啡。虽然这都是生活中一些小事，也许你做得会有点迟缓，但至少你还能做到这些。

2. 提高你的情绪智能。如果邻居的孩子半夜哭闹让你感到恼火烦躁，这起码表明你还活着，有着常人的反应。如果你听说孩子哭闹是因为耳朵感染备受苦楚而心生同情，这表明你不仅仅还活着，而且激发了正念共情的神经细胞，可以与他人同甘共苦。如果你能推己及人地感受到其他同样难以入睡的邻居的无奈，你就激活了应对技巧，完成了一种情绪上的让渡。

3. 然后练习提升人际智能，包括锻炼与自己和与他人互动的技巧。我们还以上面的事件为例，邻居的孩子生病能够激起你的同情，让你联想到宽泛的共通人性。你不是这个世界上唯一一个因为这样或那样的原因而失眠的人，你也并不是唯一遭受痛苦的人。这样想想你会觉得好受许多，你甚至可以庆幸至少你没有因为感到烦恼而捶胸顿足，至少你还能向惹你气恼的孩子送去一丝慰藉。

4. 观察这种练习对你应对问题的方式产生了哪些影响，也可以在这个"配方"中加入反思智能的训练。如果你能说出"至少我还能……"，这就表明你在某种程度上正在积极应对。可以给自己一些鼓励，你能做的至少还有这么多。

通过反思应对问题的小方法，可以让你保持头脑清醒。这不算难能可贵的英雄行为，甚至不算奋力搏击——你只是在水面上漂浮着，努力不让自己沉沦，并且坚信自己可以撑到最后。

重新制约

在练习6-14中,我们学会了调整挫折或灾难带给我们的糟糕体验,将意外事件视为学习和成长的机会,并在失误中得到教训,在黑暗中寻找一线希望。接下来我们要进一步探讨重新制约的可能性。

第一级:应对小风浪

在下面的练习中,你可以扩展出新的做法,也就是向自己提出一个问题:"我在错误中学到了什么?"这个问题可以帮助你整合来自其他智能的元素,为你将来冷静坚定地应对磨难提供了更多的可能。

☞ 练习7-4:"从错误中学到了什么?"

1. 请3到4个值得信赖的朋友和你一起做这个练习。跟朋友们解释练习的目的,是为了帮助所有人培养在挫折中找到希望的能力,找到可以弥补缺憾的途径。

2. 在开始之前,先为讨论制定基本规则:大家可以分享、倾听或进行头脑风暴,但不能批评、指责或试图改变他人。这些规则可以让参与者觉得轻松又安全,便于敞开心扉承认自己的脆弱或展现自己的优点。

3. 每个人花10分钟左右的时间来分享自己犯下的错误或遭受的重大变故,这些意外或困难曾经使他们抓狂、痛苦,甚至一度一蹶不振。大家还要分享自己是如何走出困境的,在恢复心理韧性的过程中吸取了什么教训,如果放到现在会采取什么不同的做法。其他参与者应该怀有同情心地倾听,但不要发表太多评论。

4. 在分享时,每个人都要坦诚地讲述自己的经历,分享自己的故事,也专心倾听别人的故事。大家不仅要体会每个人从逆境和挫折中学到了什么,也要留意自己从别人的体验中得到哪些收获。

5. 每个人都分享自己的经历之后,参与者可以一起探讨和总结如何从错误中汲取经验,以及通过其他人的故事获得了哪些新见解。

6. 每个人都要静心思考,同时踏实坦然地接受其他参与者给予的鼓励和支持。这一步也可以采取书面形式来进行,让大家写下他们从这一练习中学到了什么。

与信赖的伙伴交流互动会增进大脑的神经安全感，为学习和成长做好充分准备。对过程和当下的专注为我们创造了一个安全的空间，每个人都可以在其中体验并承认自己的脆弱和优点。听到别人的故事会激活大脑默认网络模式的遨游空间，激发大脑产生新的看法和见解。

第二级：应对困顿和心痛，悲伤和挣扎

在练习3-20中，我们学习了通过想象一个新的、更令人满意的解决方案，将积极的结果与最初的消极体验放在一起，来改善失败事件对我们的影响。当你和他人之间的交往出现问题时，也可以重新安排一个协商沟通的时刻。现在，你还可以用同样的方法重新构建负面情绪的记忆，无论任何遗憾和后悔的时刻，你都可以想象一个理想的结局来唤起强烈的积极情绪。

👉 练习7-5：放下对曾经脆弱的遗憾

1. 找一个让你感觉安全舒适的地方做这个练习，或利用想象中的安全营垒也可以。你也可以在想象中安排一个朋友坐在你旁边，有人陪伴和关心是我们心理的第一需要。

2. 将意识集中到对正念自我同情上来，感受并接纳曾经有过的痛苦体验。

3. 回忆一下，在某一次失望、挫折和危机来临时，你没能像想象一样从容智慧地应对，从那以后，你就一直对这些事情感到遗憾。

4. 当你回忆这件事的时候，首先要"点亮"你记忆的网络，再次体验到之前那种后悔和遗憾的感觉，观察现在自己心里还有没有不甘心，或者因此对自己产生了哪些消极看法。一定要注意，你只需要尽量生动地回忆事件的细节，而不要再次被这些复苏的记忆击垮。

5. 暂时放下这些不愉快的回忆。开始在头脑中创造积极的资源，想象一个不同的理想结局，想象自己在当时就做出了积极妥善的应对，哪怕这在当时根本不可能发生也没关系。

6. 让这个新的结局在想象中不断完善，直到你满意为止。观察你对这个你所希望的结果有什么感觉，身体的哪个部位反应最为强烈。看看当你觉得自己能够坚强勇敢地面对磨难时，对自己有什么看法。尽量让这些感受、观点和思想生动鲜活起来，尽量充分又真实地感知这些情绪。

7. 再次唤起原本的消极记忆。在旧的消极感受和新的积极感受之间来回切换几次，想到新感觉时要不遗余力，让它愈发强大和生动，想到旧感觉时要点到即止，让它自动消退。

8. 几次之后，彻底放下消极的回忆，让意识停留在积极的体验中。

9. 反思整个练习过程，体验自己拥有坚韧的品质之后，对世界和自己的看法有什么转变。

10. 如果在练习过程中有朋友陪在你身边，可以与他们分享练习的心得。你也可以把这个过程写在日记里，等过一两天后再读，看看会不会产生新的想法。

放下和治愈自己的遗憾是心理韧性修复中的一大重点，其功效和作用是其他方面的练习很难超越的。也许人生中仍然会发生许多意外和痛苦的事情，我们需要潜心学习、吸取教训和承担后果的"课程"也不胜枚举。但是，只要你能放下过去，着眼当下，改变对自己的消极态度，你就能够在变得坚韧、智慧、豁达的道路上迈出坚实的一步。

第三级：应对生命不可承受之痛

在练习 6-15 中，我们学习了如何把人生看成一个连贯的故事，把某一个创伤性事件放在人生的大背景中。我们可以创造出一种生动的关于过去、现在和未来的感悟。在接下来的练习中，我们将再次运用时间轴工具。

创建一个时间轴，列出生活中所有影响打击你的心理韧性的事件，记下你每次是如何抵御困境的，可以让你对自己的心理韧性如何随着时间推移而增强有一个非常全面的了解（你也可能觉得自己并没有越来越强大，反而一直很脆弱——那么，我猜这恰恰是你选择读这本书的原因）。

心理韧性的一个重要部分就是相信自己拥有一种顽强不灭的韧性。下面的练习可以帮助你了解自己的复原能力。

👉 **练习 7-6: 创建心理韧性发展的时间轴**

1. 你需要对人生中心理韧性的发展过程有一个概括的了解。你可以准备一卷纸，或者把几张纸粘在一起，只要有足够的空间让你记录重要事件就行了。准备几支不同颜色的钢笔、铅笔或荧光笔。

2. 在纸上画一个时间轴，从你出生的那天开始（也有可能开始得更早，比如有些人还在子宫里时就受过医疗创伤），一直做到现在，再延伸到以后的很多年（想象你的未来）。在每一年或每5年的时间点上做一个标记。

3. 把那些伤害过你的事件填到时间轴上。将它们分出不同的等级，一级代表对心理韧性挑战最小的事件、二级和三级的困难程度依次升高，三级代表最有破坏性的事件。虽然我们关注的重点是那些严重的三级事件，但同时写下一级和二级事件会让你对自己的心理韧性能力有一个更全面也更有益处的认识。用不同的颜色、形状和大小来表示每个事件的重要性或严重性。不要着急，你可以慢慢梳理，一步一步地激活大脑的默认网络模式来唤醒你的记忆。哪怕不能一下子都想起来也没关系，在接下来的几天（或几周）内，你可以在想到的时候随时在时间轴上添加事件。

4. 你可以在时间轴上标记，也可以找一个单独的记事簿，写下你是如何处理每一件事的。看看在化解难题的过程中，有哪些技能是你已经很好地掌握和运用的，还有哪些技能是可以学习和提高的。你可能使用过与本书中练习类似的方法，也可能有完全不同的应对方式。留意自己解决问题的思路和手段是否每次都差不多，还要记下你对每件事的处理结果有什么看法。经过努力应对，你是否恢复了身心舒畅、心态积极的状态，是否找回了内心安全感、与他人的和谐关系，或者是否觉得自己有了更加清晰的洞见和明智的选择？仔细回忆当时都运用了哪些智能，尽量达到最佳的反思效果。

5. 都写好之后，过一个月再看看这条时间轴上的内容，体会你对自己心理韧性强度的看法有没有产生变化。

6. 如果愿意的话，你也可以与一个信任的朋友分享这条时间轴，听听他们反馈的建议和帮助。

诚然，这是一项艰巨的任务。完成之后，你就会了解自己在哪些事件中已经恢复了坚定从容，同时怀着关爱之心清楚地看到哪些事件还让自己无法释怀，并以开放和好奇的心态反思这些事件为什么没有得到妥善解决。

把这条时间轴作为一个练习方法，学会不对自己品头论足、妄下结论，而是要看清哪些应对方法对自己有效，哪些处理不尽如人意，再思索哪些技能是自己娴熟掌握的，哪些技能是需要加强提高的。通过这个练习，你可以从过去的创伤中跳脱出来，集结好勇气和力量迎接未来的挑战。

解除旧制约

也许没有什么事情是比面对自己的死亡更具有挑战性的了，如果我们生活在一个对死亡讳莫如深的国家或文化中的话就更是难上加难。然而，一旦我们能够平静地面对死亡，就能对人生中的任何看起来最坏的结果处之泰然，举重若轻。

第一级：应对小风浪

👉 **练习 7-7: 晨间手记**

许多年前，《创意，是一笔灵魂交易》（*the Artist's Way*）一书的作者朱莉娅·卡梅隆（Julia Cameron）设计了这款晨间练习，帮助人们调动起被压抑的创造力。这是一种意识流形式的日记，能够有效清理心理和情绪上的碎片，让创造性的想象再次活跃和涌动起来。

你可以将自由流动的意识流日志应用于任何话题，比如我应该结婚吗？我应该离婚吗？我是否应该遵从自己的内心，选择一门不赚钱却充满新奇体验的工作？我应该就弟弟酗酒的事情质问他吗？进入默认网络的散焦模式可以让大脑充分发挥作用，即使是对于非常严肃的话题，也会产生意料之外的想法和见解，而且这种收获是其他练习无法比拟的。

在这个练习中，你可以轻松地将注意力集中在死亡的话题上，打开自己的直觉智慧，看看会有什么感觉。

卡梅隆建议，每天早晨第一件事就是写晨间手记，因为此时你的大脑还没有开始思考当天的大事小事，你可以更好地进入散焦处理模式。你甚至可以把记事本和笔放在床头，便于你一醒过来就开始书写。根据个人习惯，你也可以选择在当天晚些时候写，都没关系。但是最好保持每天在同一时间记事，这个习惯会给潜意识一个暗示，让你快速进入状态。

1. 随意发挥，写上 3 分钟。不需计划，不需思考，不要检查，也不要停止。你要做的就是让你的思绪尽情发散。3 分钟后，合上记事本，放在一边，不要马上重看你写的东西。

2. 坚持两周，每天花 3 分钟写晨间手记。每天温柔地播下一颗体验的种子："不知道我如何看待自己的生死大事？"然后，不要去真正思索，让这种意图消退到潜意识中，继续自由写作。这样做可能一开始看起来毫无意义，所以我们不希望你马上重新阅读写下的东西，这会破坏这个练习过程。起初你所写的内容并不重要，因而无须探讨其中的逻辑，你只是在清理管道，为你日后写出更流畅的内容做准备。然而，你可能突然在某一天发现自己的想法非常有价值，即使当时你没有事先思考和计划，也没有重读之前写过的页面，思维的清晰化就是在此过程中自然发生的。

3. 经过两周或更长时间后，写下你对整个练习的反思，想一想自己对死亡的看法有没有转变。你可能有一些关于生死的感悟，也可能没有，但经过一段时间的练习，你还是有很大概率产生一些或深或浅的体会。留意有了这些看法后，自己对于生活中风浪波折的态度有没有变化。

你正在进行一项十分有用的练习，它可以帮助你获得更深层次的直觉智慧，让你在面对逆境时更加灵活、更有韧性。

第二级：应对困顿和心痛，悲伤和挣扎

> 智慧告诉我，我什么都不是。
> 爱告诉我，我就是一切。
> 我的生命，就在这两者之间流动。
>
> ——尼萨伽达塔马哈拉奇尊者（Sri Nisargadatta）

👉 练习 7-8：我存在，我不存在

想象自己死亡的瞬间会让你对眼前的生活充满激情和希冀，加深你对活着的感激，这听起来似乎有些自相矛盾。但当你意识到你在世界上存在的时间是有限的，并且在这段时间里你的生活有许多种可能时，你对人生规划的优先事项就会发生变化。如果你读过斯蒂芬·莱文（Stephen Levine）的《如果生命只剩下一年》(A Year to Live)，你就会对这个练习感到很熟悉。学会之后，你可以随时随地进行练习。

1. 把注意力集中在自己身上，感觉自己的存在，感受体内的涌流，觉知走路、站立或坐下的感受。
2. 观察自己存在的环境，可以是家里的一个房间，或者是小区或商店。
3. 想象一下，如果没有你，周围的一切仍然像现在一样存在。除了你消失了，其他一如往常。
4. 让意识回到你自己的身体中，庆幸自己依然存在——这可真是太好了！
5. 想象自己存在或不存在，无论怎样，周围的一切都保持不变。

在存在与不存在的觉知之间切换，在两者的巧妙流动中培养一种平静，再利用这种平静来加强你的韧性，让你无论面对什么都能冷静自如，不会轻易丧失希望。这是一种特殊又奇妙的意识形态，它能够为你容纳过去或将来的一切，让你在生活中越挫越勇，勇往直前。

第三级：应对生命不可承受之痛

我在本书的开头就提到，问题本身并不可怕，如何应对才是关键。我还讲过，大脑前额皮质固有的反应灵活性让你能够管理、改变和调整这些反应。

神经系统的加速、平静或关闭可能会激活你的不同反应，唤起各种情绪来引起你对重要事物的注意力，再通过内心强烈的习惯性反应、他人提供的帮助和资源，以及你清醒的正念反思，来让你完成洞见、判断和明智选择的过程。前额皮质可以将所有这些智能资源整合，让你游刃有余地处理一切眼下和未来出现的问题。下面是本章最后一个增强这种整合灵活性的练习。

☞ 练习 7-9: 套娃

这个练习的灵感来自我祖母放在壁炉上的木制俄罗斯套娃形象。一个小娃娃套嵌在一个稍大的娃娃里面，稍大的娃娃又套嵌在另一个更大的娃娃里面。在这里，我们把一组 3 个娃娃想象成一个隐喻，是我们多重、复杂的内心层面依次套嵌在一起，由前额叶皮质的功能穿针引线，达到浑然一体。

最内层：内在小孩。这是我们存在、行为和应对的最早期模式，编写在我们的神经回路中，代表我们自己最深层的部分、侧面和状态。我们现在可能对其中一些早期体验感到满意和自豪，也可能不喜欢甚至讨厌某些部分，还可能对某些模式羞于启齿、不敢承认甚至已经彻底丢掉或遗忘了。

第二层:成熟自我。这是我们成熟的个人心理,我们根据自己学到的关于外界、他人和自我意识的认知,在这个世上乘风破浪地生活。这个成熟自我可以选择通过增强前额皮质的功能来修正内在小孩的那些心理模式,在某种程度上,成熟自我是稳定而灵活的,可以利用大脑的神经可塑性来完善自己的心理韧性,还可以调用明智自我的资源来引导自己应付麻烦的策略。

最外层:明智自我。这是我们的想象力资源,代表着最强大、最慈爱、最富有同情心、最慷慨也最坚韧的自我,充满了与生俱来的善良和共通人性的悲喜。成熟自我往往是在明智自我的引导下来寻找解决问题的角度和方法。

(我自己的心理套娃还增加了另外一个层次,代表着更高级的意识领域,不光涵盖上述层面的自我,也贯穿于各个层次之中。这个练习对我来说十分受用,但大家在这个练习中,只需要关注3个层面即可,也就是刚刚说到的内在小孩、成熟自我和明智自我。)

1. 回想你体验过这些自我层面的时刻。你可能会回忆起孩提时漂亮地击中棒球时内心涌起的喜悦,或者是因为患麻疹而错过班级海滨之旅的烦忧。也许你会记起成年后跑完一场马拉松或事业突破瓶颈时的自豪,或者是入不敷出时的焦虑。你可能已经耐心思考过是否要再生一个孩子或者选择提前退休,这些都是你不同层次自我的感受。也许你发现自己在某一层上的记忆更加丰富,但还是要试着找出每一层次的体验时刻,来感受你在生命不同阶段对各个层次体验和能力的感觉。

2. 留意自己从一个层次切换到另一个层次的瞬间。比如你的成熟自我感受到内在小孩的一些反应,但认为这种处理并不妥善,就转向了其他应对方法;也可能是明智自我发现成熟自我已经被危机冲昏头脑,只是依照生存反应机械地处理难题,就会及时提醒,并把成熟自我拉回到正常的轨道上,你要留意体会这些流动的变化。

3. 现在在头脑中思考一个你所关心的具体问题,看看每个层次的自我对这一问题的看法有什么不同。例如,也许你的成熟自我突然注意到鳏居的父亲健康情况在下降,正考虑着是把他接到家里一起生活,还是送到一个条件好一些的养老院,还是再等等看,给父亲多一点时间去适应。

你的父亲和其他家庭成员对这件事都有自己的意见,你的不同自我层面也会有不同的看法。内在小孩可能会记得小时候父亲经常跟你下棋，如果他搬来和你同住，你就还能经常和他下棋，这让你很是高兴。但内在小孩也想起，很多年前，由于父亲太忙，甚至没来参加你的高中毕业典礼，每次想到这件事，你仍然愤愤不平，想要将其拒之门外。同时，成熟自我意识到父亲的身体状况会随着时间进一步恶化，搬到养老院去住，可以避免许多无人照顾的麻烦，可是你也理解父亲需要的独立与尊严，想要支持他独立生活的渴望。你的明智自我也会参与进来，引导你耐心思考，给你充分的信任，以慈悲的心态接受所有层面自我的思想。

有意识地在不同层次自我之间切换的练习可以帮助你了解各个层次的自我具有什么样的心理特质和反应模式，进而在应对磨难的过程中判断是哪个层次出了问题。

4. 花一点时间来反思这个练习中的体验，特别是体会练习的主要参与者——你的前额皮质——在管理和转换的过程中发挥了哪些作用。

这种关注所有层次自我的需求、担忧和想法的练习虽然不会给你带来解决问题的方案（因为每个问题的解决还需要考虑其他一些外界因素），但是它会让你的前额皮质把所有层次的观点整合成一个业已完善的决策。决策是前额皮质的主要功能之一，通过关注各层自我的想法，你就能加强反应灵活性和心理韧性，使自己永远保持头脑清醒，做出明智选择。

在这本书中，我一直在强调使用"小幅多频"的方法去练习，可以让你的大脑最大限度地获得改善。通过这些变化，你会获得强烈的信心，不断增强心理韧性。

在设计自己的练习"配方"时，也可以运用相同的原则，把几个小型练习融合在一起，多次重复训练。即使人生中难免会遭遇一些无法逾越的鸿沟，或者必须面对生命不可避免的终点，你仍然可以通过小幅多频的练习来体验成功的感受，让大脑的可塑神经得到机会来整合学习成果，加强反应灵活性，以应对生活的一切波澜。

这个复杂的整合过程是学习新内容的基础——我们将在下一章介绍7种生活方式，来帮助你护理刚刚经历了伟大重组和愈合的大脑。在下一章，你也会体验到那种成就感，同样的，是"小幅多频"的成就感。

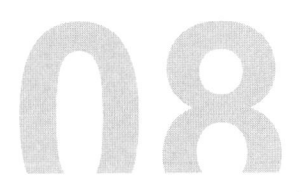

第八章
照顾和滋养神奇的大脑

提升心理韧性的生活方式

> 多学一点并不难,难的是遗忘自己的错误。
>
> ——马丁·费雪(Martin Fisher)

人类的大脑是整个宇宙中已知最复杂的实体，它有约 800 亿个脑细胞，还有遍布全身的神经细胞。每个神经元通过突触间隙与数千个神经元相连，形成了数万亿个连接，它们负责大脑所有的内部通讯和信息处理，操控我们所有的外部行为和创造力活动。神经学家将这些神经连接绘制成图像，也就是所谓的"大脑连接组"（connectome），就像分子生物学家绘制人类基因组一样。在 1 立方厘米的脑组织中，神经元连接的数量相当于银河系中的恒星数量那么多。我的朋友瑞克·汉森把大脑形容为"一颗盛放了 3.5 磅豆腐的椰子"（这是人类大脑的平均重量），但这小小重量的复杂和精细程度会使大脑本身都感到惊讶。

保护和改善大脑功能对你的身心健康和幸福指数都十分重要。你可以选择一些能够保护、锻炼和强化大脑的生活方式，这样的话，大脑就会反过来支持你所有复杂的情感、关系和认知功能，从而提升心理韧性。

这一章与前面的章节不同，我们列出了你可以选择的 7 种生活方式，来保护和滋养大脑的健康和功能：

  加强锻炼和运动
  保证睡眠与休息
  均衡营养
  学习新东西
  享受欢笑和玩乐
  与其他健康头脑互动
  减少电子产品的刺激

本章的练习仍然是按照大脑改变的过程来安排的，建立新制约、重新制约和解除旧制约，使你的大脑获得最佳发展，让你能够妥善应对任何风险和麻烦。"小幅多频"地练习，享受这个增强大脑反应灵活性和快速恢复活力的过程。

运动对改善大脑的巨大作用

近10年的研究已经清楚地表明，保持运动不仅可以维持心脏、肺部、肌肉和关节的健康，对大脑也颇有益处。你能为大脑做得最好的保养之一就是通过有氧运动出出汗。

剧烈运动能使大脑释放脑源性神经营养因子（BDNF）。这是一种荷尔蒙生长因子，使大脑尤其是海马体（Hippocampus）生长出新的神经元。海马体是大脑的一种结构，可以将新经历的内容存储为长期记忆。脑源性神经营养因子还刺激这些新的神经元增加树突（dendrites）的长度、密度和精度，在大脑中创造更庞大、更复杂的网络。此外，脑源性神经营养因子还能加速新神经元的成熟，发育为功能正常的脑细胞，并且保护包括前额皮质在内的其他结构，防止大脑萎缩或认知能力下降。总而言之，运动会让你更聪明，可以帮助你到年老之时也保持头脑灵活清醒，甚至可以帮助你逆转随着年龄增长而减退的记忆力。

成人的大脑只有大约3磅重，却会在运转时消耗身体所需氧气的1/5。经常锻炼能够刺激心脏向大脑输送更多的血液，增加大脑中氧气和葡萄糖的含量，为大脑活动提供充足的能量。此外，运动还会刺激身体释放出必要的神经递质，如血清素（serotonin）、多巴胺（dopamine）和去甲肾上腺素（norepinephrine），这3种物质会让你的大脑保持活力；还有让你感觉愉悦的内啡肽（endorphins），这就是有些人在跑步和运动后觉得身心舒爽的原因；还有乙酰胆碱（acetylcholine），它能让大脑保持高度的警觉性。出于以上原因，在临床试验中，运动已经被证明是一种和百忧解（Prozac）一样有效的抗抑郁药。

端粒（telomeres）是染色体末端的保护性蛋白质鞘，就像我们鞋带末端防止鞋带松开的塑料帽，而运动可以有效促使端粒再生。因为端粒可以防止染色体在复制时解体，也就是说，保护端粒可以预防染色体复制异常，从而达到延长健康寿命的效果。运动可以从很多方面促进我们的健康生活，作为一种抗炎剂，它能减少许多引发系统性疾病的潜在诱因，并且延缓退化性疾病的发作。

我们需要至少运动30分钟，大脑才能释放让人感觉舒适的内啡肽。一周3次的锻炼频率就够了，当然如果你能坚持到5次就更好了。"小幅多频"的原则依然适用于此，连续几天的适度锻炼远比一周一次的高强度锻炼更有效也更安全。

像跑步、疾走、单车、游泳和健身房的椭圆机都是双侧运动（也就是交替移动身体的两侧，从而交替地刺激左右大脑），在滋养大脑的同时，对神经系统也具有特殊的镇静作用。与他人配合进行的运动，比如跳舞、网球、篮球和排球等，既能激活你的社交系统，为大脑营造人际安全感，又能塑造神经网络，让你变得坚韧。这些锻炼也会使大脑分泌出多巴胺作为奖励，让你感到愉悦和轻松，保持充沛的活力。你可以尝试个人和群体项目穿插进行，让你日常锻炼变得丰富有趣。找一个伙伴或一个不错的健身房，有助于扩大运动项目的选择面，同时增强锻炼的动力。

如果有氧运动的强度超出了你身体的承受范围，你也可以选择练习 8-2 中较为柔和的运动，同样可以让你活动起来，给大脑提供源源不断的滋养。

建立新制约

对于大脑来说，养成一个新习惯要比克服或摆脱旧习惯容易得多。使用新的制约方法，我们可以创造新的健康习惯，督促自己每天锻炼并保护珍贵的大脑。

👉 练习 8-1：四分钟的脑部和身体锻炼

如果你没有足够的时间去健身房或者去游泳、徒步走或骑单车时，试试这个简单的 4 分钟锻炼程序来保护大脑的成长和健康。有条件的话，最好每天都锻炼几次。

1. 播放一首你最喜欢的欢快歌曲，在楼梯间上下走动 4 分钟。
2. 在工作的间隙原地做几个俯卧撑和深蹲练习，邀请一个朋友或同事一起做是个不错的主意。
3. 刷牙的时候，做一组深蹲和体侧屈运动。对着镜子，慢慢将身体向一侧弯倒，用力伸展相反一侧的筋骨，做完一组之后切换方向。
4. 和你的孩子玩一场 4 分钟的捉迷藏游戏，当然跟朋友的孩子一起玩也行。像孩子一样，兴高采烈地转 4 分钟呼啦圈，是一种效果惊人的有氧运动，可以有效锻炼到你的腰腹力量和核心肌肉。
5. 把定时器设置为 4 分钟，在这段时间里尽可能快速地整理房间或办公室。给自己安排一个 4 分钟内必须完成的家务挑战，比如清洗浴缸或吸尘和拖地，这能让你出一身透汗！

虽然4分钟的锻炼无法让你体验到像跑步那样运动之余的兴奋感，但你的大脑已经从剧烈的活动中得到了其他好处，十分有益于保护它的长期功能。

👉 **练习8-2：生活就是健身房：日常活动锻炼**

我在美国恺撒健康计划和医疗集团（Kaiser Permanente）的医生办公室里看到过一张海报，上面画着一个女人提着两袋杂物走在人行道上，标题是"生活就是健身房"。无论你的生活方式是什么样子，你都需要每隔一个或一个半小时活动一下身体，给大脑提提神。在日常生活中保持频繁活动的习惯，对于保持大脑健康至关重要，而且很容易做到。

1. 如果你是长期伏案工作的上班族，提醒自己每隔一段时间就离开电脑，站起来，沿着走廊或街区走一走。有时候你可能精神高度紧张，或者工作压力很大，就会忘记起身走动一下，但其实有规律的休息可以帮助大脑清醒一下，避免头昏脑涨，更有利于提高工作效率。

2. 走路去上班。把车停在离公司几个路口远的地方，然后步行过去。爬楼梯上楼，步行去吃午餐。当你活动起来的时候，大脑也得到了放松和休息。

3. 专心做家务。把整理床铺、洗碗、叠衣服、收拾玩具、倒垃圾、给花园除草、修剪草坪或洗车都当作日常运动。有意识地拉伸，侧弯身体，感觉自己的情绪、状态和能量有没有变化。这些家务虽然不是有氧运动，也可能持续不了30分钟，但它们也很有作用。许多研究都表明，正念运动能给大脑带来额外的好处：专心做一些动作会让大脑保持清醒和投入，同时也让大脑得到锻炼。

4. 专注于动作的一个好方法是森林沐浴（练习2-14）。漫步在大自然中，体会空气的香甜和阳光普照的感觉，听鸟鸣，闻花香，触摸石头、枝叶或树干，观察周围景物颜色、形状和光影的变化。散步10分钟到1小时可以有效治愈大脑的疲劳和创伤。

5. 如果你的行动能力比较有限，也可以在家练习瑜伽、气功或太极。这些都是非常卓越的正念运动。相比于没有专注感的剧烈运动或者完全静止的冥想练习，经常性的柔和运动更有利于大脑的健康和修复。

保持身体的轻盈敏捷也有助于保持大脑的灵活和韧性，让你能够更有勇气迎接生活中层出不穷的挑战。

重新制约

我们运用正向的积极体验来完成调整或逆转消极体验的重新制约过程。安娜特·芭尼尔基于费尔登克拉斯肢体放松方法（Feldenkrais）开发出了ABM神经运动疗法，该方法使用身体的细小运动来调整大脑，帮助患者从新体验中创造新的大脑神经回路。

> 我们的大脑是通过运动组织起来的……随着引入新的运动模式，再凭借专注力，我们的大脑就开始建立成千上万甚至数十亿的新连接。这些变化很快就能转化为更清晰的思维，更简单的运动……以及更成功的行动。
>
> ——安娜特·芭尼尔（Anat Baniel），《运动人生：保持终身活力的九大要素》（*Move into Life: The Nine Essentials for Lifelong Vitality*）

👉 **练习8-3：神经运动**

1. 坐在椅子边缘，双腿自然打开，大约与臀部同宽，双脚平放在地板上，保持舒适。双手放在大腿上，掌心朝下。这个姿势就是你在练习中的中立位置。向右转头，不需要太用力，保持在舒适范围内，不要强求转动很大的角度。看看你的头能舒服地转过多少，这可能需要你找一个视觉参考点，以便在之后的练习过程中校准或更改。然后把头转向左边，同样找到一个视觉参考点。

2. 保持坐姿不动，将右手放在臀部后方几英寸的地方撑住椅子，身体向后靠，让右手和椅子承担一部分体重。把头转向右边，再转回来直视前方。同样要保持在舒适的运动范围内，看看你能向右转动多少，找到目光所及的参考点在哪里。重复两三次后，收起右手，回到中立位置，休息片刻。

3. 还是坐在椅子边缘，将右手放在身后，像刚才一样靠在椅子上。抬起左臂，弯曲肘部，下巴搭在左手背上。让你的头部和手臂作为整体轻轻向右转动，然后回到中立位置。转身时，保持下巴始终与左手背相贴。做 3 到 4 次这个动作后，回到中立位置，休息一会儿。看看自己的坐姿或感觉有没有变化。

4. 重复刚才的动作，下巴放在左手背上，尽量向右转动，保持这个姿势停住。然后轻轻地左右移动你的眼睛。重复这个动作 3 到 4 次，然后回到中立位置休息。

5. 按照第 4 步的动作，尽可能舒适地向右转，保持一下。现在把你的左臀从椅子上抬起 1 英寸（1 英寸 =2.54 厘米）左右，然后再放下三四次。感觉左侧的肋骨是如何移动的，体会在你抬起和放下左臀时，肋骨之间的收缩和拉伸。做完后回到中立位置，看看你右侧臀部的坐姿和左侧臀部的坐姿是否不同。

6. 再次将右手撑在身后，同时向右转头。留意你的脖子是否能够更轻松地转动，你是不是能比刚才看得更远。

7. 回到中立位置，双手掌心朝下，放在大腿上。轻轻把头转向右边，然后再转向左边，观察自己是否转向右边时觉得更容易一些。你刚刚体验的就是专注于运动的力量，这会刺激大脑重组神经回路，学习新的动作模式。

8. 等待半小时到 1 小时，让身体右侧神经运动的改善完整地写入大脑中。然后对身体左侧重复整个练习。

虽然我们依靠大脑的运动皮层统帅全身的运动，但也可以利用这些细微运动向大脑传达新信息，对大脑中的神经回路进行"逆向改造"，创建新回路，使大脑更容易指挥身体，让运动简单起来。

解除旧制约

当你愉快地手舞足蹈时，大脑也会跟着兴奋起来。这会让大脑充满能量，让你从新的角度看待自己和生活中的烦恼。

> 练习 8-4：让大脑翩翩起舞

> 跳舞就是脱离自身，是更宏大、更美丽、更有力量的展现。
>
> ——艾格尼斯·德米尔（Agnes de Mille）

任何形式的舞蹈都对大脑有益。自由发挥的舞蹈是一种自发运动，可以让大脑也随心所欲地活跃起来。无论你是随着音乐跳舞，与他人共舞，哪怕是在头脑中想象自己自在舞动，都可以唤起一种轻松和喜悦之情，就像在整天的劳作之后喝杯咖啡一样惬意，这种享受对大脑来说十分珍贵。

1. 你可以在任何地方跳舞：在客厅、舞厅、停车场、公园，甚至躺在沙发上也可以自在地摆动身体。让你的身体随着心情自由舞动，通过舞蹈来发泄悲伤焦虑是转移这些情绪对身心影响的一种有效方式。

2. 随着时间的推移，你可以建立自己的音乐播放列表，帮助你表达或处理各种情绪和状态，无论是轻微或严重、开放或封闭、平和或激动的感受都能找到出口。哪怕是身处困境甚至是绝境中，也要给自己留出时间和机会跳个舞。这种轻松的运动不是奢侈品，而是人生的必需品，是参与我们反应灵活性塑造的重要步骤，也是影响心理韧性的关键一环。

音乐和舞蹈比语言的历史更加古老。千百年来，人类通过音乐和舞蹈表达他们内心深处的声音，迎接各种严峻的生存斗争。舞蹈是宝贵的身体能量，会给大脑中留出喘息的空间来重启和修复。

保证睡眠的重要性

充足和高质量的睡眠对大脑和身体的健康至关重要。很多人都有睡眠不足的困扰，大部分人因为生活和工作的压力而不得不晚睡，也有许多年轻人同样面临睡眠不足的问题。有些青少年在发育阶段每晚只睡 5 到 6 个小时，而他们的大脑需要 8 到 9 个小时的睡眠才能发育完善。缺乏睡眠会影响新陈代谢、免疫系统和基因健康，对大脑的损伤尤为明显。如果你连续一周每晚只睡 5 到 6 个小时，就会产生行为和认知障碍，严重程度几乎跟喝醉酒一样。

当你睡着的时候，身体的其他活动看似都停止了，大脑却在做着重要的事情：

1. 巩固白天的学习和记忆，并将学到的内容储存在长期记忆中。睡眠会优化认知功能，让你在清醒时能够快速检索并准确处理信息。
2. 恢复神经系统的平衡。睡眠会吸收压力荷尔蒙皮质醇。快速眼动睡眠期（REM sleep）是大脑唯一不受去甲肾上腺素（肾上腺素）影响的时候，它能够处理当天的记忆，但不会产生情绪波动，这也就是我们经过充足睡眠之后，早上焦虑感会减轻的原因。
3. 自我清扫，除去死亡和萎缩的神经元。
4. 让前额皮质从执行和控制功能中得到休息，使它在第二天能够更好地工作。你可能已经体会到，当你感到疲劳时，你的判断力和控制力都会大打折扣。

建立新制约

👉 **练习 8-5: 如何拥有充足好睡眠**

当你感到有压力时，压力荷尔蒙皮质醇会与海马体中的脑源性神经营养因子相结合，杀死新形成的脑细胞，这时大脑管理情绪和应对挑战的功能就会被削弱。脑细胞的丧失还可能导致抑郁症，睡眠不足也会大幅度延长抑郁症的治疗周期。

第二章中的许多练习都是为了帮助你抵抗生活中可能破坏心理韧性的压力事件。你可以充分利用夜晚来为自己减压，让自己变得坚强又有韧性。在《斑马为什么不得胃溃疡》(*Why Zebras Don't Get Ulcers*) 一书中，罗伯特·萨波斯（Robert Sapolsky）指出，大脑不像汽车的引擎，你可以随时用启动或关停的按键来控制它，大脑更像一架喷气式飞机，起飞需要很长的跑道，降落也需要充分的缓冲。同样的，大脑需要一些时间和准备才能睡个好觉。下面提供了一些改善睡眠的方法。

1. 睡前一小时停止日常活动，减轻压力感。你可以选择不去关注晚间新闻，而是看一场好电影，关掉电脑和手机，不再浏览五花八门的信息，而且屏幕的蓝光就像日光一样，会抑制褪黑素（melatonin）的释放，褪黑素是一种促进大脑进入睡眠状态的荷尔蒙。

2. 养成睡前习惯。放松自己，和家人聊聊天，读一本书，或者简单洗漱一下。让大脑安定下来，准备开始休息。

3. 在睡觉之前，尝试一些可以对抗消极偏见或焦虑的练习。你可以做一组渐进式肌肉放松（练习 2–11），或者一个感恩练习来感谢生命之网又为自己服务了一天（练习 3–8），也可以练习接受正面感受（练习 3–10）或体会灵犀时刻的甜蜜共鸣（练习 5–2）。你还可以把手放在心口上，回想一个安全、被疼惜的时刻，给自己做一个心灵抚触（练习 2–6）。通过这些练习来让自己放下一天中的所有烦恼。无论你需要解决的问题有多么棘手，夜晚都是休息的时间，把麻烦留到明天再处理也不迟（况且，有时大脑的默认模式网络会在你睡着时帮你想出解决问题的方法）。等你休息好了，明天就可以继续考虑如何克服困难。

4. 可以的话，与伴侣或宠物拥抱一会儿。温暖、安全的触摸会释放催产素，这是大脑对压力荷尔蒙皮质醇最有效、最快速的镇痛剂。当然，当你和伴侣或宠物的关系让你安心舒适而不是剑拔弩张的情况下，这个方法的作用才最佳。

5. 每天晚上在固定时间睡觉，每天早上在固定时间起床，即使是周末也如此。这能让大脑形成生物钟，知道什么时候该休息，什么时候该起床。为睡眠留出充足的时间，每天保证 7 到 8 个小时的睡眠。

6. 在凉爽、黑暗、安静的房间里睡觉。降低噪音的方法有安装双层玻璃窗，配备厚重的窗帘和地毯，也可以使用耳塞。

7. 控制咖啡（兴奋剂）和酒精（镇静剂）的摄入量，尽量避免在下午 6 点以后喝咖啡或饮酒。如果你经常使用非处方类药物或处方类安眠药，尝试着停药看看，换成服用褪黑素来触发睡眠，或者服用 γ－氨基丁酸（GABA）来缓解压力。这两种补充剂都可以在健康食品店买到。

8. 最重要的一点是，如果你只是偶尔晚上睡得不好，大可不必太放在心上。在《睡眠的秘密》(*The Secret Life of Sleep*) 一书中，凯特·达夫（Kat Duff）讲述了一位睡眠科学研究员的故事。一天早上，这位研究员醒来，正打算向妻子抱怨自己睡得有多差，却发现自己的胸口压着一大片石膏。

原来是夜里发生了一场地震，一部分天花板掉下来砸在他身上，他都没有醒过来。

培养新的行为习惯会在大脑中形成支持它们的神经回路。只要你专心练习一段时间，就会发现入睡变得十分容易。

重新制约

睡眠研究人员早就已经掌握大脑正常睡眠的两种主要形式。快速眼动睡眠期是交感神经系统的轻微活动。我们会在快速眼动睡眠期间做梦（噩梦是由于大脑活动过多引起的）。慢波睡眠（Slow-wave sleep）是一种更深的、无梦的睡眠，是副交感神经系统的活动。通过成像技术，睡眠研究实验室中的科学家们发现大脑还有第三种形式的睡眠。如果大脑在白天过度劳累，它就会在几分之一秒内停止运转，来获得短暂的休息，这个过程十分短暂，你几乎察觉不到，然后它会重新启动，继续工作。

👉 练习8-6：让大脑稍事休息

在每天的工作中，有意识地让大脑休息一下。

1. 只要你感到疲劳，就可以休息10次呼吸的时间。充分而深入地吸气，激活交感神经系统，唤醒你的大脑。再舒缓而彻底地呼气，放松大脑，把肺部的每一丝气息都挤出来，为吸入新鲜氧气腾出空间。

2. 放下手头的事情，拿出5分钟让大脑想点别的事情。换个频道，比如想想晚餐吃什么，或者做个白日梦也可以。起身做点别的事，你可以趁这个空当洗洗碗，去一下卫生间，做个简单的填字游戏，或者冲杯咖啡，找个人闲聊几句。如果你在家，和宠物玩一会儿也非常管用。有条件的话，能去大自然中散散步就更好了。密歇根大学的研究人员发现，在公园里散步10分钟，比在闹市中心或购物中心步行10分钟，更能改善认知功能。

3. 在下午2点到4点之间小睡20分钟。这段小憩足够让大脑恢复活力，而且也不会影响晚上的睡眠。

即使是短暂的休息也能重启大脑，让你在继续工作时感觉更清醒、更敏锐。

解除旧制约

尽管梦境是十分有趣的心灵体验，而且可能确实有助于你处理白天或过去未能解决的事情，但慢波睡眠才是对大脑休息的黄金阶段，可以让你恢复体力，保持内心的安宁。

☞ 练习 8-7：深度睡眠

1. 为了最大限度地增加进入深度慢波睡眠的机会，你可以在入睡前使用练习 8-5 来减轻大脑的压力。首先，把注意力放在入睡上，不要关注其他，然后逐渐放松意识，放下一切想法，相信自己能够睡个好觉。
2. 如果半夜醒过来，也不要去想那些让你担忧或焦虑的事情。你可以回想感恩练习或把手放在心口来体验积极的一面。相信自己可以继续深睡，第二天依然精神饱满。
3. 当你早上从舒服的深度睡眠中醒来时，给自己一个回味的时间，强化睡个好觉之后身心愉快的幸福感。

当你可以自己营造良好的睡眠条件时，对失眠的焦虑感就会逐渐消退。实际上，你已经调整了大脑，保证自己获得良好的深度睡眠。

选择对大脑有益的饮食方式

俗话说："人如其食"。所有能滋养身心的东西都来自你的饮食。迈克尔·波伦（Michael Pollan）在《保卫食物：食者的宣言》（*In Defense of Food*）一书中指出了对大脑有益的饮食方式，也就是"食物不要吃太多，应以植物为主"。

建立新制约

研究人员已经发现了促进大脑健康的食物。MIND 饮食法（Mediterranean Intervention for Neurodegenerative Delay）是"推迟神经元退化的地中海式干预法"的缩写，主要用于预防、减少和逆转因衰老和痴呆造成的认知障碍。此饮食法建议你摄入大量的蔬菜、深色绿叶菜、坚果、浆果、豆类、全谷物、鱼、家禽和橄榄油。在鱼类和一些坚果和种子中发现的 omega-3 脂肪酸（omega-3 fatty acids）是对大脑特别重要的营养物质。

👉 **练习 8-8：为大脑选择健康的食物**

1. 如果你的饮食习惯很健康，请真诚地感激自己做出了正确的选择，并尽量保持这些好习惯。

2. 如果你感到自己的饮食习惯或偏好不是很好，也不要惊慌，更不能试图一夜之间彻底改变原有的饮食结构，因为你的身体会出现不适应的症状，大脑甚至会因此抵制这种变化。你需要逐步向自己的味蕾和消化系统介绍新的健康食品，"小幅多频"的尝试会收到良好的效果。从最吸引你的东西开始，比如摄入更多沙拉、坚果和新鲜鱼类，慢慢让新的食物成为新的选择。

3. 将这些饮食习惯与本章推荐的其他生活方式相结合，强化健康的饮食习惯：
   - 与其他健康饮食的伙伴一起享用美食，在尝试新食谱时发挥创造力和打造趣味性。试着举办一次聚餐，分享你的健康菜肴，感受互动和交流的乐趣。
   - 选择健康的零食，作为大脑在白天忙里偷闲时或者剧烈运动后的能量补充。
   - 对你能品尝到的众多健康食物心存感恩，对进食过程表达敬畏，感激食物给予你能量，让你在天地之间大有作为。

当你越来越了解自己摄入的食物，就可以对吃的东西做出更好的选择。拥有明智选择的能力也是增强心理韧性的一个重要方面。

重新制约

在这一节，对饮食的调整并不是为了减肥，但许多人都已经意识到摄取太多糖分和太多加工（垃圾）食品对他们的体力和神经敏感性毫无益处，从而选择改变。这一节的练习就是要重新调整我们的味蕾，让我们喜欢上对大脑有益的食物，这些食物能给身体带来能量，让大脑保持敏锐。

☞ **练习 8-9：多喝果汁，少吃垃圾食品**

1. 多吃健康食品，比如 MIND 饮食法中推荐的那些食物。

2. 尝试一周不吃垃圾食品，例如甜甜圈、加工肉类和碳酸饮料。拒绝这些食物对你的身体健康和精神功能都有好处。

3. 做一个实验，在一周或更长时间后再选几样垃圾食品来尝尝，看看你的味蕾、消化系统或能量水平还想不想接受它们。试着在接下来的一两个星期或更长的时间里再次拒绝，逐渐摆脱吃垃圾食品的习惯，特别是如果你已经养成了随手抓起高热或高糖食物就吃的习惯，更要积极加以克服。

4. 在你的日常饮食清单中继续添加健康食品，慢慢将垃圾食品彻底取代。"小幅多频"的改善会对大脑和身体功能产生巨大的影响。

通过练习，我们可以保持并促进大脑健康和功能，同时建立起清醒和自律的好习惯。你要相信自己一定能够做到这一点，不断增强你的反应灵活性和心理韧性。

解除旧制约

和保持运动一样，当你通过放慢速度、集中精力和仔细品味来提高对食物的觉知时，身体和大脑会从进食的过程中获得更多益处，你也可以体会到滋养身心的乐趣。

☞ **练习 8-10：葡萄干冥想**

世界各地的静修中心都开设了这门冥想课程，它能帮助练习者找到存在感和正念意识。你也可以把这个练习应用到自己的饮食方式上，基础练习是从一粒葡萄干开始。

1. 把一颗葡萄干放在掌心（如果你不喜欢葡萄干，换成一颗葡萄、花生或小番茄也可以）。

2. 把注意力集中在葡萄干上，发挥你的好奇心，观察葡萄干的大小、形状和颜色，感受它在手心里的重量。用另一只手的手指推着它在你的手上滚动，留意自己现在对这颗葡萄干的反应。你是想要把它吃掉？还是觉得有点恶心?

3. 把葡萄干放进嘴里,但先别咬它。用舌头把葡萄干在嘴里滚来滚去。感受它在你嘴里的存在,看看它有没有释放出什么味道。

4. 现在咬一下葡萄干,感受味道的爆发。慢慢咀嚼,感受牙齿的力道。

5. 准备好之后,吞下葡萄干。感受它在你嘴里消失的过程,看看自己对它的离去有什么反应。是想再吃一颗葡萄干呢?还是松了一口气感叹这一切终于结束了?

6. 品味自己的觉知——现在你该懂得,你对食物感受的一切变化都是因为你运用了正念感觉,把注意力集中在食物上了。

专心吃东西有助于增加享用美食的乐趣,还能通过强化意识来滋养大脑。为了给饮食过程带来更多的正念觉知,另一个很有用的做法是每天吃饭时绝对不做任何其他事情,只是专心享受身心都得到滋养的美妙感受。每周至少进行一次这样的练习,并留意你是否更能体会吃东西的快乐。

快速提升大脑功能:学习新东西

大脑的学习和调整功能都是通过各种体验来完成的。体验的东西越多,学习的内容越复杂,大脑的功能就越完整,因为在体验和学习的过程中会有更多大脑感官和区域参与到接收和处理信息的工作中来。整合并处理复杂信息需要运用大脑的神经可塑性,这是一种可以有效防止大脑萎缩的方法,否则,随着年龄的增长,大脑细胞会逐渐消亡,我们的认知能力也会极大降低。通过体验和学习,我们才可以保持充分的"认知储备"。我们年轻的时候,读书完成学业或者掌握一门手艺,都是建立自己认知储备的过程。学习可以保持大脑的活跃,产生更多的脑细胞存量,这样才可以缓冲随年龄增长而自然流失的脑细胞。

建立新制约

要想在大脑中产生更多的灰质(gray matter)来处理更多信息,可以试试以下方法:

学一种乐器

学一门外语

学一种复杂的游戏，比如象棋或围棋

探索一座新城市的生活方式

建立新的人际关系

参与社区里的服务活动

以上这些做法都属于程序性的学习，也就是说，大脑不仅要记忆新的体验，也要学会总结如何做好这件事的经验。学习的东西越复杂，对大脑的锻炼就越充分。比如前两项活动，学一种乐器和学一门外语，可以让你拥有充足的脑细胞储备，将罹患老年痴呆症的风险降低50%。罗格斯大学的神经学家特伦斯·索尔斯（Tracey Shors）说过："我们的脑细胞每天都会以成百上千的数率生长，但大多数脑细胞在几周内就会死亡，除非大脑被迫学习新知识。学习可以避免这些新细胞的死亡。然后，更多的神经元将萌发并相互连接。学习的任务越艰巨，存活的脑细胞就越多。"

☞ **练习 8-11: 锻炼你的大脑**

1. 从上面的列表中选择一个，或者另选一个你想学的技能（比如编织、木工、制作陶器等），只要是对你来说具有一定的挑战性和难度，并且你会在一段时间内感兴趣的就可以。

2. 采用"小幅多频"的方式，尽量多学一段时间。想想看，如果你每周花10个小时来学习国际象棋，坚持一整年的话，你的棋艺就可以达到一种相当精湛的水平，这也会极大地丰富你的认知储备（可能你已经花了这么多时间来学习一项技能或工艺，道理都是一样的，它们都对你十分有益）。

3. 如果你愿意，可以找几个志同道合的伙伴一起学点什么。有人做伴可以让你更容易坚持下来，互相鼓励彼此收获成功。

我们知道，如果长久不活动，肌肉就会松弛萎缩。同样，"用进废退"的原则也适用于大脑。通过学习新东西，大脑可以创造新的神经回路。如果你不去刺激这些神经元的放电，它们也会渐渐枯萎。我的朋友罗恩·西格尔（Ron Siegel）把这些练习称为"老年痴呆症预防办法"，因为通过学习新东西，大脑不仅可以保留大量鲜活的神经元，还能建立丰富的认知储备，这样富余的神经元就可以去完成认知性任务，比如付账、缴税、选择喜欢的颜色来重新粉刷房子。

重新制约

在本书中，我们将消极的情绪、记忆和感受与更强大的积极体验放在一起，进行重新制约和调整。这个过程能够分解旧的神经回路，并重新整合到新的神经回路中，实际上也是让你抚平创伤、回归平静的过程。在重新制约时，很重要的一点是，我们要让之前的神经回路分解、消散，也就是让大脑"遗忘"那条回路。否则，当你睡眠不足、疲惫不堪或压力巨大的时候，大脑就又会"轻车熟路"地触发旧回路，让你面临重新陷入消极感受的风险。

第一次想起不开心的事情时，你可以告诉自己不要再去回想，来帮助你的大脑忘记或丢掉之前的体验。你不是在试图否认它的存在，而只是选择不去强化它。你可以用一些积极的东西来抵消旧记忆，就像练习6-11那样，或者只是觉知它，承认它，然后放手让它离去，就像你在练习6-16中学到的那样。

当我们减少刺激和维持这些神经回路，让大脑对之前的反应模式越来越生疏时，这些消极记忆就会消失，逐渐被大脑遗忘。在下面的练习中，你要有意识地放下你不想再使用的反应模式。

👉 练习8-12: 学会遗忘

1. 确定一个你想要克制和消除的心理习惯，我们要练习的就是不去触碰它，让它自然被遗忘。和以往的练习一样，从一些无伤大雅的小习惯开始，这样会比较容易得到成功的体验。也许你想放下一到倾盆大雨的天气就会想到10年前被那场暴雨淋得狼狈不堪的记忆，或者放下一年前邻居的车挡住你的车而让你对他耿耿于怀的事情，或者放下如果有人3天不回你的邮件自己就会胡思乱想、忧心忡忡的执念。

2. 找出一种积极的想法或能够与这个习惯抗衡的解药。你可以直接告诉自己："我现在要学着换个方式来处理这件事情"或者"糟糕，我怎么又开始胡思乱想了，其实我大可不必这样"。

3. 练习将新的积极因素和旧的消极因素并列起来，逐渐将更多的注意力放在积极因素上，让消极因素慢慢消失。
4. 留意自己学会遗忘的过程。这有点像是看着自己入睡，把注意力都放在旧习惯消退的过程上，自然就无暇顾及习惯本身。有一天，你可能突然发现曾经困扰你的那些记忆已经模糊得想不起来了。

这个练习可以帮助你给情绪做个大扫除。当你逐渐遗忘那些无关紧要的旧回忆，就能为新的体验提供更多空间。

解除旧制约

心理学家米哈里·契克森米哈里认为，心流是心理活动在过度焦虑与过度无聊之间的最佳平衡点。心流发生在大脑的默认网络模式中，是大脑创造力的来源。创造力是一种特殊形式的程序性学习，引导我们探索未知的或尚未显现的事物。任何具有创造性的努力，比如意识流作品、工艺画、创意料理，或者与孩子一起设计一款新游戏，都会把大脑功能带入新的领域，使大脑处于流动状态，这是运用新生成脑细胞的好办法。好奇心是创造力的重要组成部分，它让我们的思维围绕着一个想法，不会先入为主地做出什么结论，而是带着开放的兴趣，不停寻找反转的可能。

好奇心是创造力的巨大内驱。孩子们往往带着不受约束的好奇心去观察和感受世界，即使是对最司空见惯的大雨或小虫都能让他们觉得新鲜有趣。

> 每到蒲公英飞落的时节，我就担心这些杂草飞得到处都是，会弄脏我的院子。孩子们想的却是可以把这些小绒花送给妈妈，让我吹着白色的绒毛，像他们一样许下一个愿望。
>
> 当晚风吹起时，我就顶着风走，边走边抱怨它吹乱了我的头发，让我走起来步伐吃力。孩子们却会闭上眼睛，展开双臂，像是被风托着飞翔，最后哈哈大笑着倒在地上。
>
> 我一看到泥坑就会选择绕过去，因为我怕泥泞的鞋子会踩脏家里的地毯。孩子们却会一屁股坐在里面，用泥巴建起高大的水坝，勾出蜿蜒的河流，与水里的小虫子打成一片。
>
> ——来自一位妈妈的话

👉 **练习 8-13: 培养好奇心**

1. 你可以对任何事物保持好奇,比如当你看书的时候,从哪里来了一只蚂蚁爬过书页?电源指示灯为什么突然变暗了?今天在人行道上被裂缝绊倒,迈出了什么步伐才没有摔倒或者你在险些搞砸会议的报告时,是什么契机让你力挽狂澜?探求任何新奇的事物和原因都对你的大脑有益。

2. 带着好奇心来考察一下你的大脑。白天你什么时候最清醒?最近一次感觉情绪不好或受到惊吓时,你是怎么处理的?你的反应与今天、上个月或去年其他时刻的反应有什么不同吗?

3. 坚持做这本书中某个你喜欢的练习,保持 30 天不间断,然后在 30 天结束时看看你的大脑功能有没有改善。

已经有科学研究证明,好奇心和创造力可以延长一个人的寿命,最长可达 4 年。保持好奇可以让我们更长久地享受大脑的奇迹。

用欢笑和玩乐锻炼大脑

> 欠缺幽默感的人就像没有减震器的车,路上的每一个石子都会引起颠簸。
> ——亨利·沃德·比彻(Henry Ward Beecher)

很多人认为笑是一种情绪,或者类似情绪的感觉。其实不然。笑是身体和大脑缓解压力的一种生理机制。笑能释放儿茶酚胺(catecholamines)、多巴胺和去甲肾上腺素,这些神经递质能使大脑功能更敏锐、更通透。笑也是打破沉默和在陌生关系中破冰的好方法,良好的人际互动对大脑非常有好处。

玩的真谛是指遇到或创造新的情况,让大脑进入默认模式网络,塑造新规则、新角色或新世界,在玩乐的过程中大脑也会得到很好的锻炼。玩乐可以使人欢乐,让你享受到与世界紧密相连的快乐,让你觉得轻松、自在。这些对大脑来说也是必不可少的健康因素。

> 那些很少玩乐的人在面对压力时容易变得脆弱，或者失去幽默感的治愈力。
>
> ——史都华·布朗（Stuart Brown），《就是要玩》
> (*Play: How It Shapes the Brain, Opens the Imagination, and Invigorates the Soul*)

我们的生活通常十分忙碌，来自各方面的压力时常让我们忘记了欢笑和玩耍，时间久了，整个人都变得木讷空洞起来。如果一个人在早年经历了很多创伤，那他很可能永远也不敢纵情欢笑和玩乐，但是，我们要相信，这种能力其实完全可以通过练习来恢复。

建立新制约

👉 练习8-14：重新学习如何玩耍

1. 在生活中，你可以发现很多"小幅多频"的方法来让你感到不由自主地想笑或者想参与进去玩乐，比如：
   - 看小孩子、小狗或小猫玩耍。
   - 与孩子或小动物一起玩，你如果还没成家，也可以跟亲戚或邻居的孩子或宠物玩，这都是可行的办法。
   - 在社交软件上观看一些可爱的视频，比如婴儿咿呀哼唱或不同种类的动物睦邻友好，网上经常可以看到关于农场里的狗和马、猫和鸭子、乌龟和河马之间互相关照的暖心片段。
   - 带着好奇心，玩弄你的食物，看看能不能搞出一些新花样。当你对某件事感到惊喜时，会情不自禁地哈哈大笑起来。
2. 安排一个专门的时间，和伴侣或朋友或孩子一起玩，可以花两个小时找回童趣，或者看一部完全不费脑子的爆米花电影。
3. 参加欢笑瑜伽课程——花30分钟来体验笑声和伸展。这种重启神经系统的积极效果可以持续5个小时以上。

当你重新学习玩乐，训练你的大脑使其更加灵活时，也要记得好好享受其中的乐趣。欢笑和玩乐可以让你拥有乐观向上的品质，对增强心理韧性十分有益。

重新制约

本书提供了许多将积极体验和消极体验并置的方法，来摆脱或调整消极的思维模式或情绪。我总是想提醒大家，即使在极度悲伤或极度恐惧的时候，也要给自己留出欢笑或玩乐的空间，这听起来似乎十分违和，但是，哪怕是身陷泥沼，也应该为自己寻找幽默和快乐的光芒，为自己提供一个疗伤的喘息之机。在困难时期，如果他人表达出一种幽默，甚至是一阵爆笑，可能会让你觉得受到了嘲讽或讥笑，这种感觉也是人之常情，不必太放在心上。

👉 **练习 8-15：在悲伤中也要享受欢乐**

如果你正身处困境，试试这些方法，让自己轻松一下，体验一份快乐。

1. 找一个信赖的朋友去看一场轻松的喜剧或爱情电影，将影片里的轻松感传递给自己，用温暖的结局驱散你的黑暗。
2. 玩一些过去让你喜笑颜开的游戏，比如威浮球（wiffle ball）或孩子最喜欢的纸牌游戏。现在，让过去那些开心的玩乐时光给你的精神带来一点振奋。
3. 与小狗、小猫或蹒跚学步的孩子玩耍，就像练习 8-14 那样。他们在游戏中的快乐很容易传染给你，你可能会笑出声来，尽管你内心还背着沉重的包袱。看看这些小生命，他们充满了生命力和能量感，提醒你生活在继续，一切困厄都会过去，你也会慢慢好起来。

在困难时期玩耍或找些开心的事情来做似乎并不简单，但你要相信自己的心理韧性可以做到这一点，你可以灵活应对、转变态度，从不同的角度看问题。玩乐有助于增强你的反应灵活性，即使你根本无心去找些快乐，但还是要试试，一定会成功的。

解除旧制约

为自己创造幻想世界和想象角色并不是要逃避现实或回避问题，而是要利用解除制约的心理活动空间来想象新的角色和新的未来，让你在内心进行一次没有压力的应对彩排，刺激大脑产生新的神经回路和反应模式，日后，在你需要的时候，可以保持淡定与从容。

👉 **练习 8-16：幻想未来**

1. 想象至少 3 种不同的未来，看看 5 年、10 年或 15 年后的自己是什么样子。首先，这些未来的自我要以一定的现实为基础，想象出来的人物是你自己和目前状态的自然延伸。
2. 再想象其他两个未来的自己，这次可以带点玩乐的意味，这两个未来的自己可能是对现在的自己来说有些巨大的颠覆性。
3. 想象永远不可能发生的未来，比如赢得高山滑雪的奥运金牌或者发现治愈乳腺癌的有效方法（如果我说的这些都是在你生活中可能实现的，那你就要避开前两个步骤的范畴，想些自己绝对做不到的事情）。关键是要让你的想象力自由驰骋，激活你的情绪，改变大脑的功能。

允许大脑天马行空地去玩乐，你的潜意识就会允许你用新的可能性、新的见解、新的灵感去面对生活中的挑战。你正在获得一种直觉，它可能会为你揭示生活中更多的可能，并帮助你随时做出明智的选择。

与其他健康头脑互动

在这本书中，你一直在学习与其他健康头脑互动，比如第二章中的社交参与，第三章中的正念共情，第四章中找到真实自我的另一半，第五章中与其他人建立良好人际关系和第六章中放下控制欲，感受他人的内心等，这些方法都可以让你更容易地与其他心智健康的人交朋友。

现在，我们要关注人际社会互动的力量，不管是普通关系还是亲密关系，都对我们的大脑健康和心理健康有着重要影响。

> 我们的大脑与生俱来就有与他人接触和互动的需求，这是它的设计特点，而不是缺陷。从进化的角度来看，也许最聪明的人其实就是那些拥有最佳社交手段的人。这种社会适应性正是人类成为地球上演化最成功物种的核心竞争力。在生活中增强人际互动也可能是最简单的提升幸福感的方法。
>
> ——马修·利伯曼（Matthew Lieberman），《社交天性》
> (*Social: Why Our Brains Are Wired to Connect*)

建立新制约

很多人都会参加一些感兴趣的社会团体，比如读书俱乐部、唱诗班、保龄球队、志愿者组织等。你也可以在这些社团中找出哪个人具有成熟的心智和良好的交际能力，而且与你志同道合，你们可以在坚守各自内心安全营垒的同时，轻松地与彼此产生共鸣和互动。想找到这样的人并非易事，却很值得你去寻找。

👉 **练习 8-17: 打破僵局**

如果你发现面对一个不太熟的人时很难打开话题，不妨试试下面的方法：

1. 我也是从一个客户那里学到的，他说他去外地开会时经常使用这种方法来与人建立初步的交流。不妨直接对某人说："嗨，我在这里谁也不认识，你愿意和我聊聊吗？"（当然，这需要用正念共情来辨别对方对你的接受度，你也应该在提出这个建议的时候让对方感到自己的亲善和安全。）这个简单的方法往往会取得意想不到的成功效果。当你身边有志同道合之人的时候，这个办法很有用，你可以十分轻松地在电影节或签售会排队时，每年接种流感疫苗时，旅行中在亲子餐厅吃饭时，或在义工团体做志愿者时交到新的朋友。

2. 你也可以试试另一种方法，仍然在潜在的志同道合人群中，尝试请对方帮你一个小忙，来实现人际交往的破冰。比如你可以说："我不知道在哪里可以找到（某个人或某个地方）"，或者"在哪里可以归还（某个东西），你能帮帮我吗？"大多数人都乐于被人求助、被人需要，这可以让双方都体验到共通人性的亲密感觉。

良好顺畅的社会关系可以帮助我们在年老时也能保持精神愉悦、头脑健康。正如罗恩·西格尔所说，"一个人要找到属于自己的群体才会安心"。当我们找到与自己高度契合的社会群体时，心灵也会得到滋养，坚定人生方向。

重新制约

> 生存就意味着去改变，改变就意味着成熟，而成熟就意味着孜孜不倦地创造自我。
>
> ——亨利·伯格森（Henri Bergson）

随着我们的心智逐渐成熟，生活方式也在不断改变，各个方面都在寻求进步和发展。有时我们与他人共同成长，通过婚姻、友谊、商业伙伴和社会群体来保持生活的完整和生动。有时，曾经相近的兴趣爱好和生活道路会随着时间产生分歧，我们突然发现自己与曾经亲密的人渐行渐远。有时，在我们自身的成熟和疗愈过程中，发现自己不再像以前那样能够容忍与心智不健康的人相处。

👉 练习8-18：评估健康的社会关系

定期列个清单，看看你想把时间、精力和交往技巧花在哪些人身上，这对于你来说，其实是很有意义的事。你需要用正念共情和自我同情来有意识地选择交往对象，并且经营、维护、修补你们之间的关系。

1. 列出你当前拥有的人际关系，无论是亲密的还是疏远的、主动的还是被迫的、现实生活中的还是社交媒体上的。这个梳理过程本身就是练习的一部分，你可以在梳理的同时自然地将这些关系分成以下几类：
   - 家人和朋友
   - 邻居和熟人
   - 同事和搭档
   - 商业伙伴或合作方

2. 通过以下方式对这些人进行重新分类：
   - 不管你与他们接触得是多还是少，走得是远还是近，你都对和他们交往感到由衷的喜悦和欣慰
   - 你和他们之间可以互相依靠、互相扶持、互相照料
   - 你和他们的关系中需要靠彼此的忠诚来维系，你们可能经历过共同的过去或存在义务关系

- 你和他们之间是一种利益关系

3. 找一张大纸，画个思维导图，可以使用不同颜色的钢笔或铅笔来突出重点的部分。在纸的中间画一个代表自己的圆圈，然后让大脑自由地画一个代表清单中其他人的圆圈。在画的过程中，不要去思考或评判你与他们的关系，你只要放松地玩就好。为不同的人使用不同大小、形状和颜色的圆圈。花 10 到 15 分钟，慢慢做这个部分，让大脑启动默认网络模式，随心所欲地画。

4. 画好之后停下来，稍后再花点时间审视和反思一下。看看不同人物的圆圈是大还是小，他们与你的距离，以及圆圈的颜色是鲜艳还是黯淡。让这张当前人际关系的思维导图渗透到你的潜意识中。

5. 让这张图上的洞见引导你有意识地选择你想要改善或维系的关系，或者为你们的关系设定界限，甚至让它慢慢冷却，不再交往。

大脑需要定期清理萎缩的神经元，来为新的健康神经元腾出空间，我们在生活中也会清理壁橱或车库来为新家具腾出位置，或者清理自己的日程，抽出空闲来做些别的事情。同样，随着时间积累，我们也十分有必要去选择、梳理和修剪一下我们的人际关系，这样才能放下那些不再滋养我们或支持我们的失效关系。正如园丁修剪树木和花朵，为新一季的绿植腾出生长空间一样，我们既要尊重过去，维护好旧的关系，又要着眼未来，为发展新的关系腾出时间和精力。

解除旧制约

大脑的安全感是神经可塑性完成学习的基础。与其他健康大脑（至少是志同道合的人）的良好互动，对于大脑的休息和滋养来说都是一种极好的资源。

👉 练习 8-19：安静的群体活动

1. 参加静修小组、瑜伽班、太极拳或气功班，在那里你可以在一个安静的环境里让大脑得到放松和休整。

2. 舒服地享受在剧院、音乐厅或电影院的宁静社交氛围，身边都是和你志同道合的人。即使你们之间没有交谈，也会产生一种对大脑有益的共鸣。

3. 在安静、开阔的大自然中度过美好的时光，如果你是和朋友在一起，约定先不要交谈，就静静地在美景中流连，用心体会你们对眼前美丽神秘景象的震撼，还有对大自然鬼斧神工的深深敬畏和欣赏。

懂得如何攀谈，用适当的方式打开"话匣子"对于人与人之间有效地交流是很重要的。同样，培养和信任自己大脑的社会参与系统也很重要，它能以非语言方式为你塑造一种保障，让你与他人在一起时感到安全舒适。与信赖的人安静地共处可以恢复这种能力，对于心理韧性建设也至关重要。

减少电子产品的刺激

我要在这里给大家敲个警钟！

有数据显示，现在美国成年人平均会把 40% 的清醒时间都花在电子设备上，大概每 6 分半就会看一次手机。而美国青少年平均把 50% 的清醒时间都花在电子设备上，25% 的青少年在醒来后 5 分钟内就会开始使用电子产品。虽然，长时间、高频率地使用电子设备在当今生活中已经司空见惯，但这些电子产品却对大脑功能和人际关系有着严重的破坏。毕竟我们的大脑不是电脑，通过电脑和电话与他人进行交流并不能取代面对面的沟通。

研究人员记录了当代人使用电子设备时间急速飙升的数据，同时揭示了其对我们的大脑、人际关系和心理健康日益严重的影响，尤其是对年轻的仍在发育中的大脑破坏更是巨大。

在我们的大脑不断被电子邮件、短信、推特和帖子连番轰炸的世界里，你能做得最有帮助的事情之一就是让它休息。让大脑从长时间的精力消耗和紧张中解脱出来，暂时放松一下，因为持续不断的信息会对大脑的一些基本能力产生负面效应。

注意力：反思智能的基础

无论你对自己是个可以同时处理多项任务的"多面手"能力有多么骄傲和自信，随着时间的推移，"一心多用"都会损害大脑的功能和效率。事实上，大脑一次只能专心做好一件事。虽然大脑可以迅速将注意力从一件事转移到另一件事上，但从进化的角度来看，它并不能适应频繁的注意力跳转，因为每次转换都需要消耗新陈代谢的能量。当你从一项工作任务中抽空发一条推特，再回答孩子的问题，同时还回复朋友的邮件，这一切看似见缝插针，但用不了多久你就会觉得注意力变得分散，而且难以再次集中。经过 1 个到 1 个小时 30 分"三头六臂"的运转，大脑的表现就会受到影响，出错的频率会急速上升。当大脑进入疲劳或混沌状态时，负责恢复能力的执行官——前额皮质，就不能再清晰或富有创造性地发挥作用，这时大脑想要集中注意力做好一件事情都变得十分困难，更不用说坚持 3 到 4 个小时了。

科学家们对这种机能下降的态度并不乐观。有些科学家认为，大脑注意力功能的减退可能是永久性的损伤。不断受到刺激轰击的大脑会进入一种超负荷状态，导致它失去了明辨和洞见的能力。比如，你本打算在网上找一些工作需要的东西，结果 45 分钟后，你发现自己迷失在五花八门的网络世界里——你浏览的内容虽然都很有趣，却与手头的任务风马牛不相及。

与人共鸣：人际智能的基础

我们都有自己喜欢的与人交往方式，但对于越来越多的人来说，眼前的尴尬是，虽然在脸书上有 1000 多个网友，但在现实生活中却没什么可以谈心的人。这在年轻人中是一个特别令人不安的趋势，他们比以往任何时候都感到更加孤独，当他们将自己与脸书上其他人的帖子进行比较时，往往觉得只有自己过得不好，殊不知这些帖子都是为了博取大众眼球而精心制作和润色的。年轻人在网络上得不到对恐慌和焦虑等共通人性的共鸣，只觉得除了自己之外，其他人的生活都像影视剧一样美好。

麻省理工学院（MIT）心理学教授雪莉·特克尔（Sherry Turkle）是最早一批关注数字技术对人际关系影响的研究者之一。她表示，当今人们的交往方式更加肤浅泛泛，她称之为"煎饼式社交"（平淡的、表面化的交往），而不是"教堂式社交"（深入的、契合化的交往），在没有电子设备的时代，人与人之间的交谈可能频率较低但更加交心和深入。雪莉·特克尔把现代人的网络社交称为"没有友谊实质的陪伴幻觉"。

研究表明，青少年可以使用社交媒体与现有朋友维持频繁往来，以保证社交圈正常运转。但对于那些从零开始、想要通过社交媒体交友的年轻人来说，情况通常不尽如人意。与他人产生共鸣对于大脑的神经可塑性具有重要意义，若是长期得不到共鸣的支撑，他们的心理韧性就会被削弱，年轻人就会感到孤独、恐惧和沮丧，他们也更容易受到网络暴力的欺凌和羞辱。

正念共情：情绪智能的基础

欠缺良好顺畅的人际关系，没有可倾诉的朋友也会导致共情能力降低。特克尔和其他研究人员发现，总是独来独往的人更容易陷入混乱无章的情绪泥潭，对他人的同理心和共情力都会降低。他们选择与人保持距离来保护自己，而不愿轻易与人亲近或流露脆弱。当我们花太多时间在电子设备上时，也会失去与人沟通交往的能力，变得难以控制情绪，难以理解和关照他人的感受，无法正确评估与他人的关系是健康还是糟糕。沉迷于电子设备的年轻人甚至可能不知道这些能力意味着什么，也感受不到自己在这些方面的欠缺。

自我意识：内在智能的基础

更加严重的问题是，很多现代人甚至连觉察自己在哪方面出了问题的能力也在减退。在数字信息的狂轰滥炸下，人们变得越来越无法安静地独处，无法冷静下来对自己进行反思、自省或是放空自己做做白日梦，在人际关系上也更加流于肤浅。在大量刺激下，大脑几乎没有时间将当天的学习内容巩固为长期记忆。

每当听到电子邮件、电话或短信的响声时，大脑就会释放多巴胺，这是一种专门负责期待、愉悦和激励的神经递质。多巴胺的边缘回路会让人产生一股快感，这是会引发上瘾症状的神经回路——人们通过这种方式感受到"还有人需要我！我是受欢迎的！有人爱我！"这不仅仅是心理上的满足感，还可以上升到神经医学上的依赖反应。人们花在网络交流上的时间日益增加，逐渐忽略面对面的互动沟通，我们实际上失去了在人际资源中寻找滋养和庇护的能力。当我们与他人的关系变得脆弱时，我们也无力去梳理混乱的情绪、寻找影响关系的症结，或者想办法修复裂痕，再次找到共鸣，而是听之任之地将某段关系随手葬送。

> 科技可以是我们最好的朋友，也可以是我们生活的败兴者。它割裂了我们的生活，阻碍了我们思考、想象或做白日梦的能力，我们哪怕是在从餐厅到办公室的几步路上，也要忙着摆弄手机。
>
> ——斯蒂文·斯皮尔伯格（Steven Spielberg）

建立新制约

👉 **练习 8-20: 坚持练习**

本书中的练习可以给大脑提供实质性的保护,使其免受过度使用数码产品的破坏。但最重要的一点是,你要坚持练习。当你放下电子产品的时候,让大脑做它喜欢的事情。

1. 坚持正念静观:活在当下,对每时每刻的经历保持觉知,这能够帮助你保持身心清醒,随时关注自己情绪的变化,即使在发短信或发邮件的时候也不会过度分心。

2. 坚持正念共情:可以帮助你保持与他人的良好互动,懂得体谅和包容他人的情绪和感受,加深你与他人之间面对面的连接,促进能够滋养身心的人际交流。

3. 坚持积极情绪:可以帮助你时刻保持乐观向上,在自己的情感需求没有得到及时回应的时候抵御失望的浪潮,把你的视角重新转换到更广阔的层面上。

4. 坚持共鸣感受:可以调节神经系统,维护大脑的社交参与系统。即使相对于电子设备的交往缓冲,现实中的人际互动具有一定的风险,但从长远来看,体验与他人的共鸣对我们的心理韧性更有益处。

人类的大脑经过数万年的进化,才能够处理信息,并与他人进行良好的交流。现在,我们的大脑并没有得到足够的时间来进化或调整,以应对过去 20 年数字革命带来的猛烈冲击。面对这些电子产品唤起的新需求,本书的练习可以帮你维持大脑的正常运转。

重新制约

👉 **练习 8-21: 数码排毒**

这个练习只是为了抵消你和孩子花在电子设备上的时间,有意地抽出一些时间，脱离电子设备的控制，好好放松一下。

1. 在家庭生活中指定一个放下电子设备的区域和时间，比如在饭桌上、厨房里、短途旅行时、参加亲子运动或钢琴演奏会时，放下手机或平板电脑，安心感受生活。与家人约定，在这些区域，大家要专心交流，分享一天中的高光时刻和低落感受。研究人员发现，若是一家人能在每天晚上花些时间在吃饭时聊聊天，会比参加学校的补习、增加作业量、强化运动或参加宗教活动更能提高孩子的学业成绩。

2. 在日程上指定不使用电子设备的时间段，比如早餐时不看手机、睡觉前1小时不看电子设备（这种做法也有助于大脑做好入睡准备）、周六下午或周日上午不使用电子设备。如果你怕自己忍不住又拿起来，那么关掉电子设备并把它放在另一个房间里是个有效的方法。

3. 把你的电脑和电话设置为静音模式。当你有需要的时候再打开它们，而不是每次只要信息提示声音一响，你就要放下手头的事情马上奔赴过去。

前额皮质是大脑中的一种结构，是我们反应灵活性的基础。它也负责抑制我们的各种冲动，让我们保持自律和清醒。放下电子设备可以为大脑中创建一个缓冲带，避免我们把注意力都花在无意义的网络冲浪或低效率工作上，从而留出时间和精力好好陪伴身边的人。对于那些前额皮质还没有完全发育成熟、不能很好地控制冲动的孩子来说，家长选择恰当的方式替他们向电子产品说"不"，恰恰有助于加强孩子大脑发育中的冲动控制回路，这样他们才能逐渐学会自律，懂得有意识地拒绝。这个数码排毒的练习会给你带来实质的回报，让你找回书写的乐趣，找回看地图或读报纸的敏锐，找回读书的快乐和选择的自由，你可以自己决定要看一部什么电影，而不必受到网络媒体的绑架。

解除旧制约

就像我们利用休假时光来给自己充电一样，我们也可以找一段时间放下电子产品，来让大脑充分休息并自我恢复。通过解除旧制约，你可以让大脑在默认网络模式的广阔"遨游空间"中尽情驰骋，做个白日梦，彻底放空自己。尽可能脱离所有电子设备至少半天的时间，当然，如果时间更长就更好了。这是最简单的让大脑休息的方法，然后把这段闲暇时光花在一些大脑感兴趣的事情上。

👉 练习 8–22: 给电子产品放个假

1. 到大自然中放松一下，到森林里漫步，在花园中欣赏美景，到海滩上享受阳光和海风的拥抱。当蝴蝶在你身旁飞舞、落日的余晖洒在你周围的时候，大脑正在彻底放松，感受难得的轻快时分。你在大自然中逗留的时间越长，大脑放松和休息得就越充分。（一项研究发现，在荒野环境中"浸泡"3天可以提高人们50%的创造力。）

2. 和孩子还有朋友一起玩。哪怕是在后院踢15分钟的足球，或者一起骑单车穿过小区，都能让大脑松弛下来。在较长时间的玩耍中，你的大脑也会玩乐起来，敞开怀抱接纳好奇心、想象力和天马行空的念头，擦出崭新的灵感火花。

3. 给自己一个做白日梦的时段，让大脑陷入沉思，回忆过去或畅想未来，让一些快乐或难忘的片刻依次在脑海中闪现。让大脑随心所欲地遨游，当你从紧张的工作以及对自己和他人的需求和期望中解脱出来，大脑自然就会产生更加丰富的见解。

让自己享受一个摆脱电子设备的假期，可以让大脑修复好集中注意力的功能，再度进行深入思考，为你的创造力和行动力提供无限可能。让电子设备暂时"下课"可以打断潜在的上瘾倾向，帮你察觉自己的生活其实已经丰富多彩，重新关注与他人建立的情感共鸣，感受生命的意义和目的，拥抱珍贵的欢乐和幸福。

这一章介绍了许多能够滋养和强化大脑的方法来提升大脑功能，包括锻炼你的神经可塑性和反应灵活性。尽管我一直建议你"小幅多频"地练习，但事实上，当你把这本书中所有的练习都做完的时候，你已经完成了学习和调整的马拉松。

深吸一口气，回头想想自己在阅读本书时收获的智慧和付出的执着努力，你就能体会到：心理韧性是人类与生俱来的能力之一，你从出生就拥有它，而且会常伴你的一生。每个人都可以通过学习让自己的心理韧性迈上新台阶，变得更灵活、更包容、更开放，更容易接受新的事物和思想。恭喜你，你也在学着变得更坚强。

我希望你们经常练习书中提供的工具，来强化自己的技能和勇气，能够从容应对任何风浪和逆境。但是不要强求结果，不要太有压力。本书中的练习就是要帮助你更好地摆脱困境，捍卫内心的幸福。当你体验到这些练习带你冲破黑暗的效果时，你的大脑将从中积累经验，加强你的神经网络，让你在不管面对什么困难时都更加娴熟和灵活。练习可以加深你对自己的信任，相信自己是一个善于学习、灵活坚强、具备韧性的人。

最终生存下来的物种不是最强壮的，也不是最聪明的，而是最能适应变化的。

——查尔斯·达尔文（Charles Darwin）

而你，不仅仅是生存下来，还会越来越坚韧，越来越成功。

致谢

《心理韧性》这本书中包含130多个练习，其中绝大多数是为我的前两本书、科学研讨会或每月的电子期刊整理出来的。

有些练习是我同事设计，又经我改编而来的，在后面的致谢中都给出了说明，并且征得了设计者的同意才收录进本书中。

从数百名客户、研讨会参与者和我多年来共事的学生那里，我学到了关于心理韧性的最深刻的感悟——在逆境中坚持下来，不抛弃不放弃的态度，这是一种真正的智慧、接纳和幸福。虽然我没法在这里一一列出他们的名字，但与他们一路同行，倾听和理解他们，给他们提供一些学习和改善方法，对我来说也是一个宝贵的学习和成长机会。在大家的帮助下，我所掌握的这些知识和智慧才能近乎完美地呈现在《心理韧性》一书当中。

在我的职业生涯中，导师和同事们一直在教导我，我从他们身上看到了心理韧性的核心特质，也就是冷静、同情、清醒和勇气等巨大的力量。

我要列出的感谢名单很长，这些名字代表着生活中给我谆谆教诲的人，以及多年来陪伴我一同阅读、学习、经历、指导、对话的道德标杆式人物，他们毫不吝惜地赐教，让我不断超越自我。

我要向以下同仁表达深深的感谢：

邦妮·巴德诺、安娜特·芭尼尔、詹姆斯·巴拉兹、简·巴拉兹、朱迪·贝尔、娜塔莉·贝尔、特加·贝尔、詹姆斯·本尼特·利维、西尔维娅·布尔斯坦、塔拉·布莱克、艾希莉·戴维斯、布什、克莉丝汀·卡特、黛布拉·张伯伦、泰勒、安·韦瑟、康奈尔、黛布·达纳、蒂姆·德斯蒙德、米歇尔·盖尔、丹尼尔·艾伦伯格、丽莎·费伦茨、贾尼娜·费舍尔、戴安娜·福莎、罗恩·弗雷德里克、波吉特·根茨、克里斯·格默、保罗·吉尔伯特、以利沙·戈德斯坦、苏珊·凯瑟·葛凌兰、米凯拉·哈斯、瑞克·汉森、达契尔·克特纳、杰克·康菲尔德、杰里·拉马尼亚、本·利普顿、艾达·卢萨尔迪、凯莉·麦格尼格尔、理查德·米勒、克里斯汀·内夫、帕特·奥格登、弗兰克·奥斯塔塞斯基、乔纳·帕奎特、劳雷尔·帕内尔、斯蒂芬·波格斯、娜塔莎·普伦恩、大卫·里秋、理查德·施瓦茨、丹尼尔·西格尔、罗恩·西格尔、里奇·西蒙、塔米·西蒙、乔治·泰勒、雪莉·特克尔、贝塞尔·范德科尔克、芭芭拉·沃纳、大卫·瓦林以及克里斯·威拉德。

我还要深深感激那些接受人们前来学习、成长和改变的社团和组织，它们为我提供了许多慷慨的帮助，给了我许多深刻动人的共鸣时刻和珍贵难忘的情谊，它们分别是：

1440学院、爱博研讨会、科德角学院、依莎兰学院、斯坦福中美学生论坛、儿童心理健康中心、蜀葵花学院、洛杉矶洞见中心、思维科学研究所、牧师关怀咨询国际协会、创伤恢复岛上中心、K中心、克瑞帕鲁瑜伽健康中心、尖端研讨会、大脑健康中心、玛丽娜咨询中心、正念觉知研究中心、莫门托学院、国家行为医学临床应用研究所、欧米茄学院、开放中心、PESI、心理治疗网络专题讨论会、悉瓦南达静修中心、真实之音、灵磐禅修中心、美国期刊培训以及犹他州学校辅导员协会。

接下来我要感谢那些帮我将鲜活的知识和智慧转化为书籍和网络资源的人们：

深深感谢卡罗琳·平卡斯、她是一位杰出的出版编辑，感谢她睿智的指导和卓越的专业知识，有时她比我自己更了解我想表达什么，是她帮助我将这本书塑造成一个流畅的练习程序。

我也要再次感谢新世界文库出版社的执行编辑贾森·加德纳，在他的帮助下，《心理韧性》一书才能顺利问世，让读者看到，在这个充满挑战的时代，调动和开发我们的恢复能力十分有益，也与我们息息相关。感谢出色的文字编辑埃里卡·比基。这本书语言通顺易懂，在很大程度上要归功于她准确的校对和认真的修改。

请允许我向我深爱的技术团队伙伴——瑞安·比尔德、史黛西·哈里斯和布兰迪·劳森——致以深深的敬意，他们总是向我提供无私的帮助，一次次地拯救我的手稿、我的电脑、我的网站和我的情绪，他们的信念感和愉悦情绪深深感染了我，让我倍加珍惜。

我还要深深感谢长期以来一直支持和鼓励我的朋友们。我还记得那些和你们在曲径通幽处漫步、交谈、探寻生命意义和价值的时光，还有一同分享诗意、喜悦和泪水的体验，你们给我的帮助我会永远铭感五内。感谢保罗·巴斯克、玛丽琳·乔谢尔、凯瑟琳·科利尔、玛格丽特·迪迪·特里·休斯、邦妮·琼森、菲利斯·基森、卡里亚德·麦肯齐·霍森、林恩·罗宾逊、伊芙·西格尔、玛丽安·斯特凡克、斯坦·斯特凡克、马克·斯特凡斯基、贝弗利·史蒂文斯、威廉·斯特朗以及迪娜·兹文科。

最后，我要向读者们致意，你们的不懈追求让我找到写好这本书的勇气和毅力，也感谢你们学习并喜欢书中的练习，但愿在你人生里遭受风雨的时候，这些练习可以撑起一片晴空，愿你的生活永远充满希望和智慧选择。

引用练习许可及致谢

正念自我同情:"练习 2-2: 用心动情地呼吸""练习 2-3: 专注于脚下""练习 2-20: 软化,抚慰,接纳""练习 3-11: 约见关心你的朋友""练习 3-17:平和地培养同情心""练习 4-14: 写一封充满同情的信让内心批判者休息"。以上练习改编自克里斯托弗·吉莫和克里斯汀·内夫联合出版的《正念自我同情指南》(*Mindful Self-Compassion Teacher Guide*)一书(圣地亚哥:正念自我同情中心,2016),经作者许可使用。

"练习 2-21: 聚焦"改编自国际知名作家和心理学教育家安·韦瑟·康奈尔的练习方法,自 1972 年从尤金·根德林(Eugene Gendlin)那里学习聚焦法以来,她一直在教授和完善这种方法。

《同情》节选自《美国心理学杂志》上发表的《人与人的相处》(香槟-厄巴纳:伊利诺伊大学出版社,1997),作者米勒·威廉姆斯,经伊利诺伊大学出版社许可使用。

《客栈》节选自《鲁米文选》(纽约:哈珀柯林斯出版社,1995),作者贾拉鲁丁·鲁米,译者科尔曼·巴克斯(Coleman Barks),经科尔曼·巴克斯许可使用。

"出于远大的需求"一段节选自《礼物》,作者哈菲兹(Hafiz),译者丹尼尔·拉斯基译(纽约:普特南出版社,1999),经丹尼尔·拉斯基译许可使用。

"练习 5-16:就像我一样"改编自《与你的心和解》(加利福尼亚州诺瓦托:新世界文库出版社,2016)一书,作者马克·科尔曼,经许可使用。

"练习 5-17:宽恕"改编自《原谅的禅修》(*The Art of Forgiveness, Lovingkindness, and Peace*)(纽约:班塔姆出版社,2002;伦敦:骑士出版社,2002)一书,作者杰克·康菲尔德,经出版社许可使用。

"练习 8-3:神经运动"改编自安娜特·芭尼尔的《运动人生:保持终身活力的九大要素》(纽约:和谐出版社——企鹅兰登旗下皇冠出版集团的子公司,2009)第二章,由和谐出版社许可使用,所有权利保留。